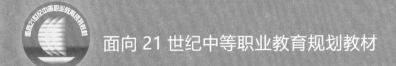

面向 21 世纪中等职业教育规划教材　　　　郝志阔 ◎ 总主编

食 品 雕 刻

吴子逸　叶亲枝 ◎ 主编
郝志阔 ◎ 主审

中国质量标准出版传媒有限公司
中国 标 准 出 版 社
北 京

图书在版编目（CIP）数据

食品雕刻 / 吴子逸，叶亲枝主编 .—北京：中国质量
标准出版传媒有限公司，2022.8
ISBN 978-7-5026-5089-6

Ⅰ.①食⋯　Ⅱ.①吴⋯②叶⋯　Ⅲ.①食品雕刻
Ⅳ.① TS972.114

中国版本图书馆 CIP 数据核字（2022）第 114543 号

内 容 提 要

本教材主要包括食品雕刻入门知识、小饰物类作品雕刻、花卉类作品雕刻、建筑类作品雕刻、水族类作品雕刻、禽鸟类作品雕刻、畜兽类作品雕刻、吉祥类作品雕刻、人物类作品雕刻、瓜雕类作品雕刻等内容。本教材具有较强的实用性和适用性，旨在传授烹饪专业所必需的食品雕刻基础知识及基本技艺，为学生学习和适应市场发展需要奠定基础。

食品雕刻是职业院校烹饪专业的一门主干专业课程，本教材可作为中职中专，乃至高职高专、实践性本科烹饪与营养教育、烹调工艺与营养、餐饮管理专业学生学习用书，亦可作为烹饪培训、宾馆饭店从业人员及烹饪爱好者用书。

中国质量标准出版传媒有限公司

中 国 标 准 出 版 社 　出版发行

北京市朝阳区和平里西街甲 2 号（100029）

北京市西城区三里河北街 16 号（100045）

网址：www.spc.net.cn

总编室：（010）68533533　发行中心：（010）51780238

读者服务部：（010）68523946

北京博海升彩色印刷有限公司印刷

各地新华书店经销

＊

开本 787×1092　1/16　印张 13.25　字数 208 千字

2022 年 8 月第一版　　2022 年 8 月第一次印刷

＊

定价：68.00 元

丛书编委会

总主编　郝志阔

编　委　宋中辉　　周建龙　　杨梓莹
　　　　何春华　　凌志远　　吴子逸
　　　　叶小文　　吴耀华　　姜　坤
　　　　郑晓洁　　郑海云　　钟晓霞
　　　　廖凌云

本书编委会

主　编　吴子逸（珠海市第一中等职业学校）
　　　　叶亲枝（珠海市技师学院）

副主编　梁贵媛（珠海市第五中学）
　　　　邓木发（开平市吴汉良理工学校）
　　　　蔡达普（珠海市第一中等职业学校）

参　编　谢金芳（中山市现代职业技术学校）
　　　　梁　剑（信宜市职业技术学校）
　　　　陈剑锋（云浮市中等专业学校）
　　　　麦福文（珠海度假村酒店）
　　　　梁海强（珠海市德翰大酒店）
　　　　梁作长（珠海度假村酒店）

主　审　郝志阔（广东环境保护工程职业学院）

序 言

中国共产党第十九次全国代表大会报告中指出："完善职业教育和培训体系，深化产教融合、校企合作。""建设知识型、技能型、创新型劳动者大军，弘扬劳模精神和工匠精神，营造劳动光荣的社会风尚和精益求精的敬业风气。"中职学校作为企业人才的供给侧，开发与企业生产实际相对接的基于职业岗位的专业教材，对中职课程教学具有重要的促进作用。

随着大旅游时代的到来，旅游业不断发展壮大，对烹饪人才的需求也持续增长，作为输送烹饪人才的中职烹饪教育显得尤为重要。中职烹饪类教材种类繁多、数量庞大，即使同一学科也存在不同作者编写不同教材的现象，同一作者编写的教材也因不断更新出版而出现不同的版本。目前，中职烹饪类教材的编写者众多且专业层次不同，编写内容结构体系也存在很大的差异，因此，我们结合现代烹饪专业的特点，组织全国多所职业院校的烹饪教师编写了本系列教材。本系列教材具有如下特点：

（1）实用性：充分体现烹饪专业学生未来职业活动中最基本、最常用的基础知识，所选理论内容的广度和深度能满足实践教学和学生未来工作与发展的需要。

（2）科学性：内容科学准确，学生通过学习可以掌握本专业所需要的基本理论和技能。

（3）先进性：反映烹饪专业学科的新知识和新的应用技能，适应社会进步和餐饮市场变化对人才的要求。

针对中职烹饪专业的实际教学需要，本系列教材的编写尤其注重理论与实践的深度融合，使学生掌握先进的知识和技能。我们相信本系列教材的出版将会推动中职烹饪类教材体系建设，也希望本系列教材能在中职烹饪类教材中起到引领示范作用。

丛书编委会
2022 年 6 月

　　食品雕刻是饮食文化的重要组成部分，是艺术的结晶，更是中华五千年烹饪文化长河中的一朵奇葩。在职业教育领域，食品雕刻课程是各类高职、中职院校烹饪专业的必修课程。《国家职业教育改革实施方案》《中国教育现代化2035》等文件明确指出，职业教育与普通教育地位同等，职业教育要加快改革发展，进一步对接市场，优化调整专业结构，更大规模地培养培训技术技能人才；建立健全中高衔接课程体系，推进校企一体化育人，推行项目教学、案例教学、工作过程导向教学等教学模式。这些政策为中职的发展指明了方向，为专业的发展、人才的培养提出了新的要求。

　　编者根据全国职业教育工作会议精神和教育部职业教育与成人教育司的课程改革和教材编写要求，依据食品雕刻技能学习的客观规律和现代烹饪专业学生的学习特征，以职业能力为导向，以岗位技能为重点，以任务为中心，以产品为载体，以项目为主线编写本教材，并将项目教学法、任务驱动法贯穿整个食品雕刻学习过程，以提升人才培养的质量。本教材具有以下特色。

　　1. 以学科思政为引领

　　本教材在编写的过程中，专门设计了学习者职业素养的培育任务，将学科思政融入教学、实训全过程，推进学生职业道德、工匠精神、劳模精神、服务精神和双创精神5个方面的实践养成。

2. 基于岗位技能设立项目

本教材从全新的角度，将职业能力、岗位技能、工作任务、产品制作和食品雕刻的知识体系和技能进行了有机结合与对接，将其项目化，并以学生为主体，以项目为单元，分解原来的知识体系，让学生"在做中学，在学中做"，提高学生对食品雕刻知识、技能的掌握程度。

本教材共10个项目，45个任务，148个课时，图文并茂，照片清晰，过程详细，使学习更加直观和具体，为学生学习和就业奠定了良好的基础。其中，项目一介绍了食品雕刻师的岗位职责、职业素养，以及食品雕刻的基本知识技能；项目二至项目四讲解了主刀和一两种拉刻刀刀法，属于雕刻技能的基础阶段教学；项目五至项目九讲解了多种刀具刀法的综合运用，属于雕刻技能的巩固和提升阶段教学；项目十主要是对前面项目的补充和拓展。本教材依据岗位技能的难易程度设立项目，使学生在学习过程中，由易到难，由浅入深，循序渐进，逐步掌握食品雕刻工作者的岗位技能。

3. 依据企业常用雕刻产品及其制作流程设立学习任务

本教材依据中职学生的学习认知特点和规律，分析餐饮行业对食品雕刻从业人员的能力需求，并通过与职业院校教育工作者、企业一线从业人员共同确定教学目标，以酒店常用雕刻产品为载体设立相关任务，以加强食品雕刻教学过程与企业生产过程对接、实训作品与企业产品对接。

此外，在任务实施过程中，本教材将简笔画等美术知识、雕刻范畴相关知识技能（如木雕、石雕、玉雕等）、生物学组织结构与食品雕刻结合，引导学生从不同角度，根据不同工艺对所学任务内容进行互研互鉴，以加深对食品雕刻知识、技能的理解，助推知识、技能的构建与迁移，拓宽学生的视野。

4. 以任务为驱动，助推职业能力的养成

本教材在任务案例设计上，以学生的心理和实际需求为出发点，在项目里设立任务，在每个任务中设计了"任务引入""任务分析""任务实施""任务拓展""任务导学与评价"等栏目。其中，"任务导学与评价"中还包含了"任务目标""工艺掌握""课中多元评价""评价组建议""小组互评""课后反思""教师评价"等板块。此外，在项目后设立了"项目小结""思考与练习"和"知识链接"板块。本教材通过一系列任务设计，为学生食品雕刻知识技能的提升做好保障，并助推其职业能力的养成，使其成为符合企业需求的合格人才。

本教材由珠海市第一中等职业学校吴子逸和珠海市技师学院叶亲枝担任主编，珠海市第五中学梁贵媛、开平市吴汉良理工学校邓木发和珠海市第一中等职业学校蔡达普担任副主编，广东环境保护工程职业学院郝志阔担任主审。具体分工为：项目一由蔡达普、梁作长共同编写；项目二、项目六、项目八、项目九由吴子逸、梁贵媛、麦福文共同编写；项目五、项目十由邓木发、陈剑锋、梁海强共同编写；项目三、项目四、项目七由叶亲枝、谢金芳、梁剑共同编写。吴子逸和叶亲枝对全书进行了统稿，并对部分内容进行了修改。

本教材在编撰过程中得到了珠海市第一中等职业学校副校长邓谦的指导，以及珠海市第一中等职业学校陈恩程的信息化技术支持，同时参考了国内相关专家的文献资料，在此一并表示感谢！

由于编者水平有限，加之时间紧迫，书中尚有错漏之处，恳请读者提出并指正，以便修订时改正。

编者

2022 年 6 月

目 录

项目一
食品雕刻入门知识

◎ 学习目标

通过本项目的学习，了解食品雕刻师及其岗位职责，明确该岗位需具备的职业素养，对知识与技能、从业能力与素质有一个整体的认识。了解食品雕刻的定义、特点和作用，知道其历史和发展，熟悉其分类、常用原料和贮存方法，掌握其常用工具及应用、制作步骤，明悟其主要刀法及操作安全，对食品雕刻这门课程及其在行业中的发展有一定的认识。

▢ 教学目的

教师通过引导学生学习食品雕刻的入门知识，使其了解食品雕刻师及岗位相关要求，熟悉食品雕刻师的职业素养，并将"立德""树人"思想植入学习者的意识。让其了解食品雕刻的定义、特点和作用，并掌握食品雕刻的主要刀法、常用工具及应用等内容。以通俗易懂的文字表达，结合作品照片作为案例展开教学，以引导学生完成本项目的学习。通过本项目的教学，使学生对食品雕刻建立初步的认识，感受食品雕刻在烹饪中的应用，培养学生的烹饪艺术美感，促使学生认真学习该课程。

☑ 主要内容

食品雕刻的定义、特点和作用；食品雕刻的历史与发展；食品雕刻的分类；食品雕刻的常用原料；食品雕刻的常用工具及应用；食品雕刻的主要刀法及操作安全；食品雕刻的制作步骤与贮存方法。

任务一 食品雕刻师的初始认识

一、初识食品雕刻师

食品雕刻师，在行业中又称"花王"，主要职责是根据菜品、宴会主题、展台要求等进行果蔬雕刻作品及盘饰的制作，以渲染气氛，赋予菜品、宴会、展台艺术效果，给顾客带来美的享受。

二、食品雕刻师的岗位职责

在厨房岗位中，食品雕刻岗位多属于砧板岗位管理，是砧板岗的重要组成部分。其主要职责包括：

（1）开档。开档的主要工作包括摆放好砧板、刀具、毛巾，雕刻作品检查与换水，查看宴会、预订等的订单情况，做好雕刻计划等，为顺利开工做好充分准备。

（2）领原料。根据前一天的下单，对原材料等进行验收。

（3）雕刻作品及制作小型盘饰。根据各种预订单，结合日常客流量等，有计划地进行各类雕刻作品及小盘饰的储备、回收及保管。

（4）运用各类雕刻作品及小盘饰进行菜品装饰，或指导打荷岗位人员进行菜品装饰。

（5）不断创新雕刻作品及小盘饰。

（6）进行各种宴会、各类节日等的雕刻展台的制作。

（7）做好下单与收档。收档时要注意各种用具回归原位，做好岗位卫生，保管好各类盘饰，关好水电等。

（8）做好雕刻岗学徒的培养与雕刻技艺的发扬。

三、食品雕刻师职业素养的培育

（一）职业精神的培育——思政引领

立德树人，厨艺立世！在食品雕刻师的培养中，要将职业理想、职业信念的培育和实践养成贯彻到教学、学习、实习、就业的整个过程中。

1.职业道德

食品雕刻师的职业道德与厨师的职业道德一致。做一名合格的食品雕刻师的首要条件是具备良好的职业道德。其具体要求如下。

（1）忠于职守，爱岗敬业

作为食品雕刻师，要热爱本职业，秉承职业精神，严守初心与使命，认真执行职业规范，勇于承担责任，做到"干一行、爱一行"。在完成工作的同时，运用精湛的技艺和良好的素养，将烹饪的艺术之美、食品雕刻之美呈现给社会大众。

（2）讲究质量，注重信誉

讲究质量就是把工作质量、产品质量放在首位。诚信就是对工作讲信誉，对企业讲信誉，对客人讲信誉……在制作食品雕刻作品过程中，要合理利用每一份原料，处理好每一个细节，不偷工减料，不敷衍了事，把作品做到尽善尽美。

（3）尊师爱徒，团结协作

师生相互尊重，乐教乐学，团结协作，以促进教学相长。师傅应以身为范，践行厨德，保持学习，精益求精，开拓创新，乐教善教，显示"工匠"风范。徒弟应尊师重道，摆正心态，虚心乐学，踏实刻苦，敢于超越。

（4）积极进取，开拓创新

从业过程中，要根据餐饮业的发展趋势，调研消费者兴趣爱好，保持空杯心态，对技艺精益求精，不断开拓创新，制作出更多令人惊叹的作品。

（5）遵纪守法，讲究公德

从业过程中，需要学法、知法、用法。第一，要严格遵守国家的法律法规，懂礼仪、知廉耻，遵循社会公德，抵制诱惑，不做损害他人、社会的事情。第二，要遵守企业的管理制度，听从指挥，服从安排，不做违规的事情。

2. 工匠精神

以雕刻名匠为榜样，以厨匠为榜样，通过学习、实践，不断育匠心、铸匠魂，不断提高自我修养，逐步建立精于工、品于行、匠于心的职业意识，培育工匠精神，无愧于"厨师"的称号。在成就自我的同时，还要立足整个食品雕刻师培养的层面、食品雕刻文化的层面，做好传承，为食品雕刻文化的弘扬贡献一份力量。

3. 劳模精神

食品雕刻的学习过程，讲究的是刻苦训练，磨炼的是耐心与意志。它的学习效果难以立竿见影，讲求的是水到渠成。因此，要引导学生树立"劳动最光荣、劳动最伟大"的意识，提升辛勤劳动、诚实劳动、创造性劳动的觉悟，践行"爱岗敬业、争创一流，艰苦奋斗、勇于创新，淡泊名利、甘于奉献"的劳模精神，方可有所建树。

4. 服务精神

食品雕刻作品是为了满足客人需求而制作的，是要"面客"的，因此，在设计、制作食品雕刻作品时，不仅要与相同岗位人员沟通，还要与厨房其他岗位人员、餐厅相关服务人员、客人等沟通，尽可能地把客人生活的地域、风俗、喜好等了解清楚，这样才能制作出客人满意甚至超出其预期的作品，以提高服务的质量。

此外，由于食品雕刻岗位与食品相关，因此要特别重视食品安全与卫生服务意识的培养。我们在培育的过程中，要从个人卫生、操作规范及行为习惯抓起，从原料货源抓起，从岗位、工具设施设备、实训室卫生，从器皿、作品的安全与卫生抓起，促进食品安全与卫生意识的树立。

5. 双创精神

在"大众创业、万众创新"的新态势下，作为食品雕刻师，要不断夯实基础，积极学习，认真思考，将作品与简笔画结合，将所学的雕刻部件根据主题重新组合，将作品与石雕、木雕等结合，将作品与面塑、糖艺结合，将作品与各种文化结合，将作品与热门话题结合，将作品与时代精神结合，这样才能创作出更多令人耳目一新而又富有意义的作品。对于中职生，从最基本的创新意识培养开始，逐步赋予雕刻作品新意，在新意中超越，为创业做好孵化。

（二）职业能力的培育——职业支撑

1. 知识与技能

中职烹饪专业是培养食品雕刻师的一个重要摇篮。随着国家中职教育的改革，中职生升学途径增多，特别是开通了烹饪专业学生可以报考高等教育本科的途径，使烹饪专业的学生获得了良好的升学机会。但这也意味着餐饮行业对厨师的学历要求、人才层次需求会逐步提升。因此，在烹饪专业的建设上，要注重理念引领，深化校企合作、产教融合、知行合一。在制定人才培养方案时，要依据就业、升学的要求，注重基础文化课及专业课程的比例，对校内实习、校外岗位实习进行合理安排。在教学上，要让思政课程与学科思政同向同行，不断促进三教改革，探索线上线下混合教学模式，运用各种信息化技术助力实训课程教学质量的提升。在岗位实习时，运用智慧管理，通过校企双导师制、主题班会、集体调研等多措并举，做好学生的引领和指导。通过各种举措，促进学生对知识、技能的掌握和个人行为习惯等的实践养成。

2. 沟通交往能力

沟通交往是一项必不可少的能力。学生在家有父母照顾，在校有教师指导，在实习时有学校看顾，但在社会中只能靠自己独立面对同事、面对客人、面对一切。虽然食品雕刻师是在"幕后"，不直接面对客人，但其制作的作品要"面客"。基于此，作为雕刻师，在不断提升个人技艺的同时，还要积极与同事、餐厅服务员、客人沟通。只有不断地进行有效沟通，才能更好地完成本职工作，维护好人际关系。然而，沟通交往能力不是一蹴而就的，需要不断训练、积累经验。因此，在学校培养中，要通过各种设计，为学生提供更多、更优质的锻炼沟通能力的平台，引导学生学会倾听，懂得换位思考，以增强学生的沟通表达能力。学生个人要注重沟通能力的培养，从与父母、同学、老师的沟通开始，注意自己的语言、肢体表达，不断提升自身的沟通交往能力。

3. 团队协作能力

我们从出生之日开始便有了家庭团队，在学校有学习团队，在公司有工作团队……团队，是无所不在的。虽然一个人可以走得更快，但一个团队能让人走得更远。就如一道菜品的完成，要有水台岗位、打荷岗位、砧板岗位、候锅岗位等的通力合作，才能实现从原料加工、烹制到装盘、成菜的转变，才能更高效、高质地完成。此外，还要与餐厅各岗位的人员合作，才能将菜品送到客人面前，实现菜品应有的价值以及各个岗位的价值。因此，食品雕刻师要立足本岗位，了解作品实现价值的路线，可跨岗位甚至跨界寻找适合的队员，明确分工，相互扶持，取长补短，发挥优势，共同进步。

（三）职业行为习惯的培育——专业规范

1. 个人卫生习惯

食品雕刻师的个人卫生要求和餐饮从业人员一样，至少有以下两点：（1）注重仪容仪表。在学校学生处的仪容仪表要求基础上，学生在进入实训室前，要戴好帽子、穿好厨师服、系好围裙、穿好工鞋，并保持服饰整洁。（2）做到"四勤"和"四不"。"四勤"指勤洗手、勤洗澡、勤洗衣服、勤换工作服；"四不"指不留长指甲、不戴饰物、不吸烟、不露头发。

2. 职业行为习惯

实训课堂是中职生职业行为习惯养成的主阵地。在教学实践中，应对标餐饮行业厨师的职业行为要求，结合学校本身的实际，形成富有特色的理念、标准或准则等。通过"理念引导—标准贯彻—实践养成—实习强化—就业完善"的途径，促进中职生良好的职业行为习惯的培育。

任务二　食品雕刻的定义、特点和作用

一、食品雕刻的定义和特点

（一）食品雕刻的定义

食品雕刻指运用一些特殊的雕刻工具、雕刻刀法和雕刻技巧，将烹饪原料雕刻成各种结构准确、造型优美、寓意吉祥的花卉、鸟兽、鱼虫、山水等具体实物形象的雕刻技术。它既是烹饪技术的一部分，又是艺术殿堂里一门独特的雕刻艺术。艺术来源于生活，又是超越生活的。

食品雕刻作品（如图 1-2-1、图 1-2-2 所示）主题明确，结构完整，形象逼真，刻画得惟妙惟肖，活灵活现，主要用以装饰菜点，美化宴席，烘托宴会气氛，使人赏心悦目，陶冶人们的艺术情操，同时可以渲染和活跃宴席的气氛，提高宴会档次，为宾客增添欢快愉悦的情趣。

图 1-2-1

图 1-2-2

（二）食品雕刻的特点

雕刻艺术主要讲的是形与神，"形"就是在具体事物的形状上，通过夸张、拟人、简略的手法把形状定出来，"神"就是把作品的神韵表现出来。需要特别强调的是，餐饮行业的性质决定了食品雕刻速度必须快，这样才能体现作品的经济价值，这也是食品雕刻与玉雕、木雕等的不同之处。

食品雕刻是烹饪技术与造型艺术的结合，是一项非常精细的操作技术，食品雕刻作

品被誉为"厨艺杰作、艺术珍品"。食品雕刻的主要特点如下。

1. 象征性

构思新颖别致、完整的雕刻作品形象，紧扣饮食习俗，生机勃勃，极富生活情趣和时代气息。其一般都是从正面去表现，给人以欢快、赏心悦目的形象，从而达到装饰菜肴、美化宴席、烘托宴会气氛的目的。

2. 安全性

食品雕刻所使用的原料都是瓜果蔬菜，集安全性与欣赏性于一体。

3. 短时性

食品雕刻作品展示时间短，但其所需技术性强，所表现的艺术性强。

4. 特殊性

食品雕刻使用特殊的刀具，并运用特殊的雕刻手法。

二、食品雕刻的作用

食品雕刻的种类繁多，反映了人们对美好生活的追求和向往。随着人们物质生活水平的提高和餐饮业的飞速发展，食品雕刻越来越为人们所重视。食品雕刻作品在菜肴、宴会中所起的作用，大体上可以分为以下几点。

1. 食品雕刻作品在冷菜中的应用

食品雕刻作品在冷菜中主要用来点缀衬托冷菜，给其增加艺术色彩，给花式拼盘增加艺术感染力，提高欣赏价值。如花式冷拼作品"孔雀开屏"中，加入了雕刻细致精美的孔雀头，使其更完美。

2. 食品雕刻作品在热菜中的应用

食品雕刻作品在热菜中使用要少而精，以点缀为主，同时也要将食品雕刻作品融于菜肴之中，两者情景相应，气氛相和，让人耳目一新。值得注意的是，食品雕刻作品在热菜中使用时，切忌过多，避免累赘，造成视觉疲劳，主次不分，甚至宾主倒置。

3. 食品雕刻作品在宴会上的应用

在一些宴会、美食节，特别是大型宴会上，都会有食品雕刻作品单独出现在展台或席面上，其主要是以组装的形式专供欣赏。如"孔雀迎宾""龙凤呈祥""松鹤延年"等食品雕刻作品，不仅反映了我国的民族特色，使人赏心悦目，陶冶人们的艺术情操，而且可以渲染和活跃宴席的气氛，提高宴会档次，为宾客增添欢快愉悦的情趣。

任务三　食品雕刻的历史与发展

食品雕刻产生于我国古代祭祀活动中。春秋时期，《管子》书上提到"雕卵"。隋唐时期，食品雕刻取材范围不断扩大，种类多样化，出现了"酥酪雕""镂金龙凤蟹"等代表作品。宋代，食品雕刻已成为一种风尚，出现了鸟、兽、虫、鱼、亭等雕刻技艺高超的作品。明清时期，花卉、虫鱼、鸟兽、人物、瓜雕作品百花齐放，食品雕刻发展到一个更高的层次。近年来，食品雕刻虽然受到糖艺、面塑、果酱画、盐雕等的猛烈冲击，但仍然凭借其独特的魅力和艺术价值在餐饮行业中占有一席之地。

任务四　食品雕刻的分类

食品雕刻涉及的内容十分广泛，品种多样，采用的雕刻形式也有所不同，因此分类标准不一。现在介绍 3 种常见的分类方法，具体如下。

一、按食品雕刻所用原料分类

根据使用的原料不同，食品雕刻可分为果蔬雕刻、琼脂雕刻、黄油雕刻、肉糕类雕刻、豆腐雕刻、糖雕、冰雕、面塑等。

二、按食品雕刻工艺分类

按雕刻工艺不同，食品雕刻可分为整体雕刻、组装雕刻、浮雕、镂空雕。

三、按食品雕刻造型分类

（一）花卉类

花卉类造型，以常见的玫瑰、荷花、月季花、牡丹花等作为主题进行创作，常搭配叶子、藤蔓、树枝等进行点缀（如图 1-4-1 所示）。

（二）禽鸟类

禽鸟类造型，以常见的天鹅、孔雀、仙鹤等作为主题进行创作，常与花卉、水、枝叶、假山等组合成作品（如图 1-4-2 所示）。

图 1-4-1

图 1-4-2

（三）水族类

水族类造型，以常见的鲤鱼、金鱼、神仙鱼等作为主题进行创作，常与海浪、海草、珊瑚、假山等组合成作品（如图 1-4-3 所示）。

（四）畜兽类

畜兽类造型，以常见的牛、马、老虎等作为主题进行创作，常与假山、树等组合成作品（如图 1-4-4 所示）。

图 1-4-3　　　　　　　　　　　　　　　图 1-4-4

（五）昆虫类

昆虫类造型，以常见的蜜蜂、螳螂、蜻蜓、蝴蝶等作为主题进行创作，常与花卉、瓜果等组合成作品（如图 1-4-5 所示）。

（六）建筑类

建筑类造型，以常见的桥、亭、塔等作为主题进行创作，常与水、假山等组合成作品（如图 1-4-6 所示）。

（七）吉祥类

吉祥类造型，以常见的龙、凤、麒麟等作为主题进行创作，常与花朵、假山、云朵、海浪、吉祥类小饰品等组合成作品（如图 1-4-7 所示）。

（八）人物类

人物类造型，以常见的寿星、孩童、仙女等作为主题进行创作，常与云朵、水族类等组合成作品（如图 1-4-8 所示）。

图 1-4-5

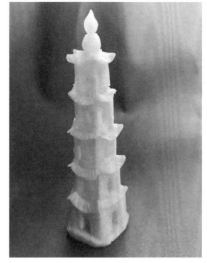

图 1-4-6

图 1-4-7

图 1-4-8

任务五　食品雕刻的常用原料

一、选料要求

用于食品雕刻的原料很多，凡质地细密、坚实、色泽鲜艳的瓜果或根茎类蔬菜均可。为了保证雕刻质量，雕刻出好的作品，必须精心选择适当的原料。具体的选料要求如下：

（1）新鲜质好。以脆嫩不软、肉中无筋、肉质细密、内实而不空为佳。

（2）形态端正。这里的形态端正是指方正、圆润，尽量不要选择凹凸不平的原料。此外，还有一些作品可依据造型设计进行选料。

（3）色泽鲜艳而光洁。雕刻多是运用原料的自然色泽，加以巧妙搭配，达到绚丽多彩的效果。

二、适合雕刻的常用原料

（一）萝卜

萝卜的品种很多，有各种形态、各种皮色，且有皮肉不同颜色的，如青皮红肉的心里美萝卜，都可选作雕刻的原料。

1. 胡萝卜

胡萝卜，色泽鲜艳，质地紧实，耐久存，而且四季常有。它的颜色与花朵相近，因此刻制出的花朵色泽与形象都十分逼真。常用于刻制梅花、牵牛花、郁金香、君子兰等花卉，也适合刻制各种小型的禽鸟。

2. 心里美萝卜

心里美萝卜（如图 1-5-1 所示），皮青肉红，色泽鲜艳，质地紧实，耐久存，而且四季常有。心里美萝卜是省赛、国赛"雕刻与冷拼项目"规定作品的原料之一。其颜色鲜红，与牡丹花、荷花、玫瑰花、大丽花等花卉颜色相近，因此，此类雕刻作品形态逼真。

3. 白萝卜

白萝卜，肉白质脆，块头大，便于操作。可刻制玉兰、灯笼花、海浪、假山等，用途广泛。

4. 青萝卜

青萝卜（如图 1-5-2 所示），皮青肉绿，质地脆嫩。可刻制形体较高的古塔、花瓶、凤鸟、蛟龙、山石、房屋、人物等。

图 1-5-1

图 1-5-2

（二）瓜类

1. 南瓜

南瓜，体大肉厚，色泽金黄。可浮雕各种图案，制作"南瓜盅""南瓜花篮"，还可利用根部刻制花卉，各种较大的龙、凤、鸟以及人物、山水、建筑、船舶等。

2. 西瓜

西瓜，体圆形美，皮瓤红、白、绿相间。可浮雕各种图案，制成"西瓜盅""西瓜花篮""西瓜灯"等。

3. 冬瓜

冬瓜，体大肉厚，皮青肉白。可浮雕图案，制成"冬瓜盅""冬瓜灯""冬瓜罐""冬瓜花篮"等。

（三）芋头、红薯

1. 芋头

芋头（如图 1-5-3 所示），体大肉实，色泽银白，是大型雕刻作品如马、龙、牛等的常用原料。

2. 红薯

红薯有红心、白心和黄心 3 种，水分较少，淀粉较多，刻出的作品细腻清晰。可刻制出 3 种不同肤色的人物头像，自然渗出的淀粉如同擦抹一层胭粉，还可刻制花卉、鸟兽、山水、风景、人物等。

（四）果类

苹果、西红柿等，选体圆个大的可刻制大丽花、草牡丹；挖出内核，做成表面雕刻图案、内部酿豆沙馅的"酿苹果"及"八宝酿苹果"等。

（五）其他

白菜、香菜、辣椒（如图 1-5-4 所示）等，也可用作雕刻原料。

图 1-5-3

图 1-5-4

<h1>任务六　食品雕刻的常用工具及应用</h1>

食品雕刻使用的工具较多，为了便于学习和使用，现对一些常用的工具及其应用进行介绍。

一、食品雕刻常用工具介绍

（一）切刀

1.桑刀、片刀等（如图1-6-1所示），刀身为长方形，身宽、薄长且窄。主要用于切原料、切大型等。

2.小切刀（如图1-6-2所示），形似水果刀，刀头较尖，长度为12～20cm，刀身薄。主要用于开大料、切平接口，可雕泡沫。

图1-6-1

图1-6-2

（二）雕刻主刀

雕刻主刀（如图1-6-3、图1-6-4所示），刀刃长6～8cm，厚1.2cm，刀身窄长且尖，用途广泛，既适合大型雕刻，又可微雕，故称万用刀，是雕刻必备的刀具。其特点为运刀锋利流畅，易转弯。

图1-6-3

图1-6-4

（三）线形拉刻刀

1. V 形拉刻刀（如图 1-6-5、图 1-6-6 所示），可拉刻细线、毛鳞翅羽、衣服褶皱、瓜盅线条、文字等，一切细线图形均可拉刻，用途极广。

图 1-6-5

图 1-6-6

2. 小号拉刻刀（如图 1-6-7、图 1-6-8 所示），刀两端的形状不一，一刀多用。其中一端类似 V 形拉刻刀，但刀口 V 形略小，用途和 V 形拉刻刀基本一致；另一端为小 O 形拉刻刀，可用于眼睛、鼻孔等的制作。

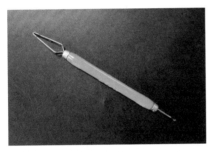
图 1-6-7

图 1-6-8

（四）U 形拉刻刀

1. 中号拉刻刀（如图 1-6-9、图 1-6-10 所示），可拉刻中线，如凹槽、文字、定大型、去废料、衣服褶皱、翅膀、瓜盅线条等一切中线图形，是雕刻人物、动物、脸部的必备工具，用途极广。

图 1-6-9

图 1-6-10

2. 大号拉刻刀（如图1-6-11、图1-6-12所示），可拉大线条、鸟类翅膀、定大型、衣服皱褶，还可去皮、拉刻花、书写大号文字，用途极广。

图1-6-11

图1-6-12

（五）多边形拉刻刀

多边形拉刻刀包括斜三角形、P形、矩形、平三角形、O形拉刻刀（如图1-6-13、图1-6-14所示），为辅助性拉刻刀，可拉刻相应线条、文字、水珠等。

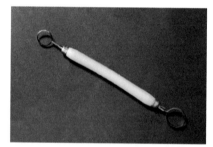

图1-6-13

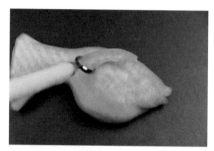

图1-6-14

（六）双线拉刻刀

双线拉刻刀（如图1-6-15所示），能同时拉出两条线条，且线条及线距均等，可提高速度。此刀又分为窄双线、宽双线等多种刀型，特别适合用来雕刻瓜盅走阴阳线，速度更快。

图1-6-15

（七）戳刀

戳刀（如图1-6-16、图1-6-17所示），有V形和U形两种，用于雕刻某些呈V形、U形及细条的花瓣、羽毛等，操作简单，用途广泛。此外，U形戳刀还有特大号、大号、中号、小号、特小号之分。

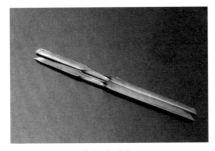
图1-6-16

图1-6-17

二、常用握刀方法

常用握刀方法有执笔式握刀法和横掌式握刀法。

（一）执笔式握刀法

执笔式握刀法是用食指和拇指握住刀身，其余三指作为支撑点，比传统三指执刀法更灵活。主刀、各种拉刻刀都可用此法（如图1-6-18、图1-6-19所示）。

图1-6-18

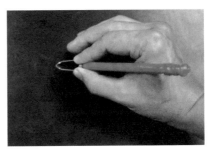
图1-6-19

（二）横掌式握刀法

横掌式握刀法是去除大块余料时采用的握刀方法（如图1-6-20所示）。

图1-6-20

三、雕刻刀具的保养维护要求

刀是伴随厨师一生的物品，说刀是厨师的第二生命也不为过。因此，作为一个厨师，要懂得爱刀、尊刀、护刀。雕刻刀具的保养维护要求如下：

（1）磨刀。正所谓"工欲善其事必先利其器"，厨师在用刀前，先要学会正确的磨刀方法。

磨刀方法：第一步，刀、磨刀石浸水润湿。第二步，右手握刀柄、左手握或压住刀背，刀放在磨刀石上面，刀身与磨刀石形成一定的角度，前后来回运动磨刀，接着磨另外一面。注意磨刀时，要上下面交替磨刀，两边所用的磨刀力度、速度基本一致。第三步，磨好刀后，将刀和磨刀石用水冲洗干净，并擦干。

磨好的刀具：刀身光滑，刀刃洁白、锋利，无缺口、卷口、偏向的现象。

（2）合理、准确用刀。厨师要根据每种雕刻刀的用途来对其进行使用，不能乱用、勉强用刀，以免伤刀、伤人。此外，在用刀过程中，要注意用刀安全和放刀安全。

（3）护刀。使用完刀具后，应将刀具冲洗干净，并擦干。可在其表面涂一层薄油，以防氧化生锈。最后，将刀具放入刀盒子等安全的地方。同时，要注意日常的护理。

任务七　食品雕刻的主要刀法及操作安全

食品雕刻源远流长，在其发展的过程中，形成了一套独特的刀工、技法。食品雕刻的刀法多样，与中式烹调技术中的刀工刀法既有互通之处，又有差异，可以互鉴互用。在食品雕刻过程中，要根据不同原料、不同质地、不同的成型要求来灵活运用。同时，还要注意用刀的规范化，遵循用刀的流程，确保用刀安全。

一、食品雕刻的主要刀法

（一）切刀法

切刀法取自中式烹调技术中直刀法、斜刀法的部分刀法，在食品雕刻中，主要用于丝、丁、条、片、块、取大型等操作，以提高雕刻效率。其可分为直切法、跳切法、推切法、拉切法、锯切法、斜切法、压切法等，技术要点及应用详见下表：

序号	分类	技术要点	应用
1	直切法	刀与原料和案板成90°角运刀	丝、丁、条、片、块、取大型等
2	跳切法	在直切法基础上，速度快、均匀	花蕾、灯笼穗、灯笼等
3	推切法	在直切法基础上，刀刃由后向前推切	丝、丁、条、片、块、取大型等
4	拉切法	在直切法基础上，刀刃由前往后拉切	花蕾、灯笼穗等
5	锯切法	推拉切的组合	较韧、较嫩、较脆的原料
6	斜切法	刀与原料和案板成非90°角运刀	棱台等不规则类型的大型
7	压切法	用手垂直压刀将原料压断开，或运用各种模具直压，取形状	较软、较嫩、较脆的原料，或圆形、字体等

（二）刻刀法

刻刀法是食品雕刻中最常用的一种方法，是运用主刀对雕刻作品去废料，进行精细加工，细化局部的加工方法，贯穿于整个雕刻过程（如图 1-7-1 所示）。

（三）旋刀法

旋刀法多用于花卉花瓣的雕刻，其沿弧线运刀，雕刻好的面有弧度且圆滑。旋刀法是一种常用的刀法（如图 1-7-2 所示）。

图 1-7-1

图 1-7-2

（四）削刀法

削是一种辅助方法，如削皮、削除废料、削出平整的面等。削刀法是一种常用的辅助刀法。

（五）拉刻法

拉刻法是用各种拉刻刀拉刻出凹槽、羽毛、皱褶、文字，以及画线、定大型等的刀法。此法可用于拉刻作品大型，也可用于细化部位，进行精加工，用途广，有助于提高雕刻效率（如图 1-7-3、图 1-7-4 所示）。

图 1-7-3

图 1-7-4

（六）戳刀法

戳刀法，一般用 V 形拉刻刀或 U 形拉刻刀进行操作。在雕刻一些 V 形、U 形或细条的花瓣、凹槽、羽毛等时，可用此法直接戳出来，用途较广。其可分为直戳法、曲线戳法、撬刀戳法、细条戳法、翻刀戳法等。此法与拉刻法相接近。

（七）掏刀法

掏刀法，也称抠刀法，其运用 O 形拉刻刀等工具，雕刻孔、洞、嘴巴内等部位，掏去多余废料，让部位更形象（如图 1-7-5 所示）。

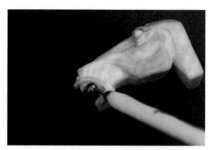

图 1-7-5

（八）粘接法

很多雕刻作品需要用胶水将各部分进行粘接，同时还需要粘接一些树枝、海浪、云朵、叶子等，这样才能构成一个栩栩如生的雕刻作品。

二、食品雕刻的操作安全

在食品雕刻学习过程中，学生们几乎是刀不离手，因此合理用刀、规范用刀，才能避免伤人、伤己，从而安全顺利地完成学习任务。用刀的注意事项如下。

（一）提高对刀的认识

在意识上深刻认识刀是一种利器，会伤人、伤己。虽然雕刻刀相对偏小，但其刀的本质是不变的，因此要慎重对待。食品雕刻专用的刀具种类多，各种刀具都有其属性、功能，在进行食品雕刻时，需要充分认识刀，懂得各种刀的刀法。

（二）耐心、沉稳

雕刻过程是枯燥、漫长的，要耐心对待，沉稳操作，不能因少许败笔或成效不显而出现急躁、随性用刀的情况。

（三）禁止嬉戏、刀口对人

在雕刻练习过程中，禁止在实训场所嬉戏、打闹，任何情况下不能拿刀对人，以免出现安全事故。

（四）规范用刀，妥善保管

从开始拿刀，就要时刻提醒自己规范用刀。在雕刻过程中，切刀、雕刻刀要摆放在固定、合理的位置，不能随意摆放，避免弄丢、受伤。向其他人传递刀具时，要刀柄朝向对方，刀口向下，用完的刀或不用的刀具要及时擦干净，放进盒子等安全的地方。

任务八 食品雕刻的制作步骤与贮存方法

一、食品雕刻的制作步骤

食品雕刻的一般步骤为：命题—构思—选料—雕刻—组合。

（一）命题

根据宴席、展台的主题来确定贴切且寓意吉祥的题目及内容。

（二）构思

根据确定的题目及内容，构思出初稿，再确定最终的图稿和雕刻方案。

（三）选料

根据确定下来的图稿和方案，选择合适的原料。

（四）雕刻

利用特殊的刀具，采用各种刀法刻出所设计的形状。可按以下顺序完成：切大坯—定轮廓—修雏形—刻细节—组装。

（五）组合

将底座、主体和各小配件组合起来，使其成为一个完整的雕刻作品。

二、食品雕刻作品的贮存方法

食品雕刻成品、半成品的常用贮存方法如下。

（一）清水浸泡法

清水浸泡法是将雕刻好的半成品或成品放在清水中浸泡，使其水分不散失，保持原料的形态。此法适宜短时浸泡，一般以半天至一天以内为好，否则半成品或成品会出现变色、变质等情况。

（二）清水喷淋法

清水喷淋法是用喷壶给食品雕刻作品喷淋水，以保持其湿润，延长其摆放时间。此法常在制作食品雕刻展台等时使用。

（三）低温冷藏法

低温冷藏法是将雕刻好的半成品、成品放进装有凉水的容器中（水量应以覆盖作品为佳），加盖或用保鲜膜封住，再放进3℃左右的冰箱中冷藏，以保色、保质。注意水中不能有油，而且要定期换水。

（四）矾水浸泡法

矾水浸泡法是用矾和清水配成 1%~2%（质量分数）的溶液，将雕刻成品或半成品放进此溶液中浸泡。这种方法能较长时间地保证其色泽和质地，有效地防止腐败变质，从而延长其贮备时间。如发现矾水溶液出现浑浊现象，应及时更换新溶液。

本项目小结

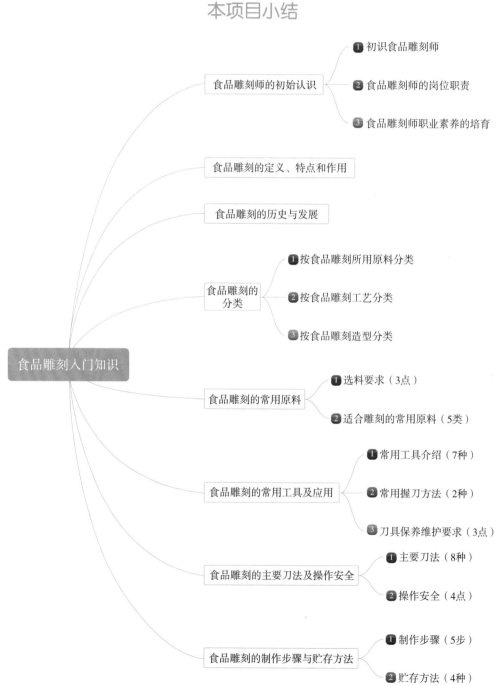

思考与练习

1. 食品雕刻师的岗位职责与职业素养包括哪些内容?

2. 食品雕刻的定义、作用是什么?

3. 学习食品雕刻的重要意义是什么?

4. 食品雕刻的常用工具有哪些?

5. 食品雕刻的主要刀法有哪些?其适用于哪些原料?

6. 食品雕刻的用刀安全注意事项包括哪些内容?

项目二
小饰物类作品雕刻

学习目标

通过本项目的学习，了解常见小饰物类的形态特征及应用场景，掌握其雕刻流程及工艺要点，初步熟悉主刀、拉刻刀的握刀方法和雕刻技法，能独立完成作品的制作。

教学目的

教师通过引导学生思考小饰物类的特征、种类、象征意义、应用场景等，以常见的小饰物雕刻工艺为案例展开教学，从其结构部位分析、雕刻工艺分析、雕刻具体操作步骤及工艺要点，引导学生以任务的形式实现作品的创作。在创作作品评价中，本项目给出了相关的评价标准。学有余力的同学可以参照拓展任务设计自己的创意作品。

主要内容

铜钱、元宝、葫芦、云朵、浪花、灯笼雕刻作品的制作。

任务一　铜钱

一、任务引入

由于古代有天圆地方之说，因此秦始皇统一六国后以此为型，统一半两钱为货币，即各类方孔圆钱。方孔钱（铜钱）一直沿用到清末民国初年，因朝代更迭，先后有五铢钱、小泉、通宝等称谓。因常以皇帝的年号命名，有称"年号钱"；因其上铸有"通宝"二字，又称"通宝"。目前，铜钱已成为收藏的珍品，甚至成为国家的文物（如图 2-1-1 所示）。

铜钱有富贵、招财等寓意，在雕刻中独立使用较少，一般作为配件，融入富贵、招财的主题中组合使用。

图 2-1-1

二、任务分析

（一）结构部位分析

铜钱实物与雕刻作品的结构部位对比如图 2-1-2 所示。

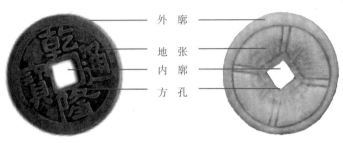

外　廓

地　张

内　廓

方　孔

图 2-1-2

（二）工艺分析

工艺分析具体如图 2-1-3 所示。

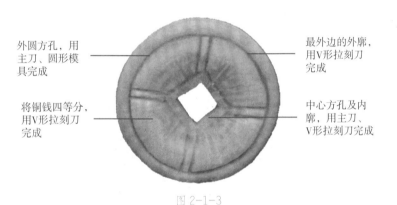

外圆方孔，用
主刀、圆形模
具完成

将铜钱四等分，
用V形拉刻刀
完成

最外边的外廓，
用V形拉刻刀
完成

中心方孔及
内廓，用主刀、
V形拉刻刀完成

图 2-1-3

三、任务实施

（一）实训准备

1. 主要原材料：胡萝卜 1 段。
2. 用具：雕刻主刀、V 形拉刻刀、圆形模具、桑刀、砧板、毛巾、小方盘。

（二）操作步骤

1. 取一段胡萝卜，用桑刀直刀切一个厚片（如图 2-1-4 所示）。
2. 用圆形模具将胡萝卜片压出一个圆形（如图 2-1-5 所示）。
3. 用 V 形拉刻刀拉刻出一个圆环，接着在圆环中心位置用主刀直刻出一个正方形的孔（如图 2-1-6 所示）。

4. 用 V 形拉刻刀在正方形孔的每个角拉刻两条直线即可（如图 2-1-7、图 2-1-8 所示）。

图 2-1-4

图 2-1-5

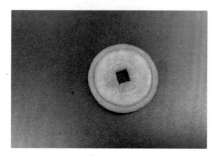

图 2-1-6

图 2-1-7

图 2-1-8

（三）工艺要点

1. 熟悉正确的执笔式握刀法。

2. 在用主刀、V 形拉刻刀拉刻圆圈、线条时，注意控制好力度，力求做到均匀。

（四）评价标准

雕刻好的铜钱，外圆内方，环形形象，其他线条为直线，用力均匀。

四、任务拓展

根据所学的实训内容，学习雕刻下面的铜钱（如图 2-1-9 所示）。

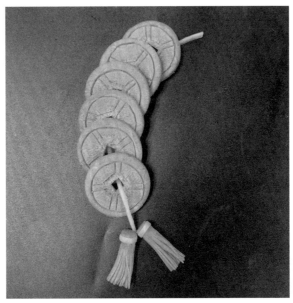

图 2-1-9

任务二　元宝

一、任务引入

元宝，是我国古代的一种货币，其有金、银两种。金元宝有五两、十两、二十两3 种，而银元宝一般重五十两。据历史记载，在唐初就有"开元通宝"之称，元代由于政治等原因，称其为"元宝"，然后一直沿用至今。

元宝（如图 2-2-1 所示），象征财富，也象征福气、安宁。在雕刻中，元宝很少单独作为主题作品，一般与其他作品组合使用，突显富贵的寓意，如"麒麟送宝"等。

图 2-2-1

二、任务分析

（一）结构部位分析

元宝实物与雕刻作品的结构部位对比如图 2-2-2 所示。

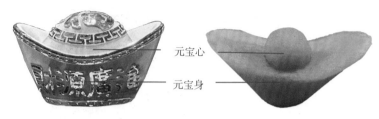

元宝心

元宝身

图 2-2-2

（二）工艺分析

工艺分析具体如图 2-2-3 所示。

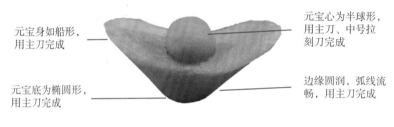

元宝身如船形，
用主刀完成

元宝底为椭圆形，
用主刀完成

元宝心为半球形，
用主刀、中号拉
刻刀完成

边缘圆润，弧线流
畅，用主刀完成

图 2-2-3

三、任务实施

（一）实训准备

1. 主要原材料：牛腿南瓜 1 块。
2. 用具：雕刻主刀、中号拉刻刀、桑刀、砧板、毛巾、小方盘。

（二）操作步骤

1. 取一块南瓜，用桑刀将其切成长方体，然后切出等腰梯形的胚体（如图 2-2-4 所示）。

2. 用 2B 铅笔将等腰梯形的侧面三等分，并画出中线，在 1/3 处定好元宝心的位置（如图 2-2-5 所示）。

3. 沿着笔画运刀，去除废料，雕刻出元宝的大型（如图 2-2-6 所示）。

4. 在元宝胚体的两个侧面定好中心线，并沿中心线分别向两边运刀，将侧面修成椭圆形（如图 2-2-7、图 2-2-8 所示）。

5. 用中号拉刻刀拉刻出元宝心，并用主刀修整光滑（如图 2-2-9、图 2-2-10 所示）。

6. 对元宝进行修整，成型（如图 2-2-11 所示）。

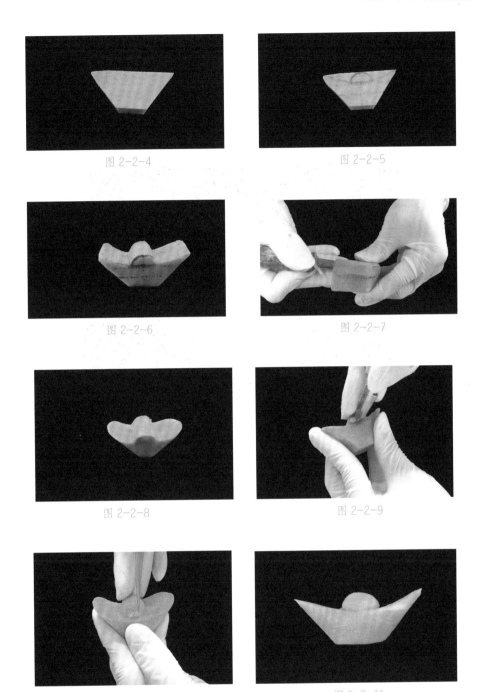

图 2-2-4　　　　　　　　　　　　　　图 2-2-5

图 2-2-6　　　　　　　　　　　　　　图 2-2-7

图 2-2-8　　　　　　　　　　　　　　图 2-2-9

图 2-2-10　　　　　　　　　　　　　　图 2-2-11

（三）工艺要点

1.雕刻元宝时，应认真了解其大型，并用2B铅笔做好定位，特别是元宝心的定位。

2.在雕刻元宝侧面时，应从中线开始运刀，注意刀的旋转度，以确保两边一致。

（四）评价标准

雕刻好的元宝，元宝身如船，元宝心为半球形，整个作品匀称、完整、美观。

四、任务拓展

根据所学的实训内容，完成作品"问书寻宝"的制作（如图 2-2-12 所示）。

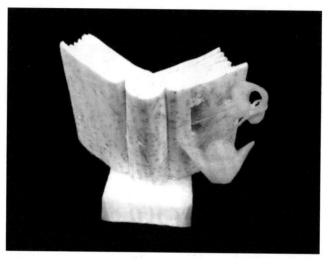

图 2-2-12

任务三　葫芦

一、任务引入

葫芦（如图 2-3-1 所示），在各类小说、电视剧等中经常被赋予传奇色彩，如太上老君的紫金葫芦、七个葫芦娃……而在现实生活中，葫芦又称葫芦瓜，新鲜时可制作成菜肴，成熟干制后可制作成各种饰物、盛器、水瓢、乐器葫芦丝等，用途广泛。

葫芦的寓意较多，因"葫芦"与"福禄"谐音，故蕴含富贵、长寿、吉祥之意；因其为藤蔓，结果多，故又有多子多福、丁财两旺之意；因其在神话中多为仙家之物，故还有镇宅消灾之意。

二、任务分析

图 2-3-1

（一）结构部位分析

葫芦实物与雕刻作品的结构部位对比如图 2-3-2 所示。

图 2-3-2

（二）工艺分析

工艺分析具体如图 2-3-3 所示。

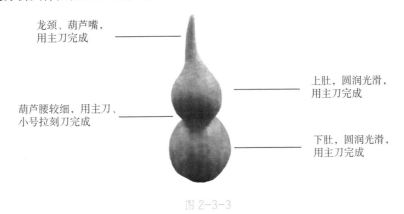

龙颈、葫芦嘴，用主刀完成

葫芦腰较细，用主刀、小号拉刻刀完成

上肚，圆润光滑，用主刀完成

下肚，圆润光滑，用主刀完成

图 2-3-3

三、任务实施

（一）实训准备

1. 主要原材料：胡萝卜 1 段。
2. 用具：雕刻主刀、V 形拉刻刀、桑刀、砧板、毛巾、小方盘。

（二）操作步骤

1. 取一段胡萝卜，最好上小下大，也可用刀修整，然后在其上用 2B 铅笔画出葫芦的大体形状，做好定位（如图 2-3-4、图 2-3-5 所示）。

2. 为了更好操作，将胚体用 V 形拉刻刀分成 3 部分，龙颈、葫芦嘴为一部分，上肚、下肚各为一部分，以便于操作（如图 2-3-6 所示）。

3. 用主刀沿着笔画运刀，去除废料，雕刻出龙颈、葫芦嘴和上肚（如图 2-3-7 所示）。

4. 将下肚雕刻出来，并修整圆润（如图 2-3-8 所示）。

图 2-3-4

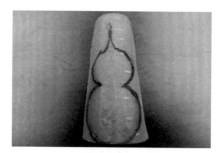
图 2-3-5

图 2-3-6

图 2-3-7

图 2-3-8

（三）工艺要点

1. 做好定位：将胚体用 V 形拉刻刀分成 3 部分，龙颈、葫芦嘴为一部分，上肚为一部分，下肚为一部分，其中下肚部分要适当长些。

2. 在雕刻葫芦时，运刀方式类似半括号"（"，要注意运刀的力度，去废料的均匀度，以免因用力过大、去废料过多而影响成品效果。

（四）评价标准

雕好的葫芦，上下肚形状如数字 8，上小下大，比例协调，圆润自然。

四、任务拓展

根据所学的实训内容，完成作品"葫影婆娑"的制作（如图2-3-9所示）。

图 2-3-9

任务四　云朵

一、任务引入

云（如图2-4-1所示），是一种常见之物，形状多样，变化无穷。在雕刻中，它可以和龙、凤凰等吉祥类作品，仙鹤、老鹰等禽鸟类作品，寿星、嫦娥等人物作品搭配。云既可用于底座，也可用于作品主体上，还可用于各个方位。虽然很多时候云都作为装饰点缀之物，但在增强意境、强化作品效果上有着独特的功效。在雕刻中，可以根据其丰富的寓意灵活运用。

图 2-4-1

二、任务分析

（一）结构部位分析

云朵雕刻作品的结构部位如图 2-4-2 所示。

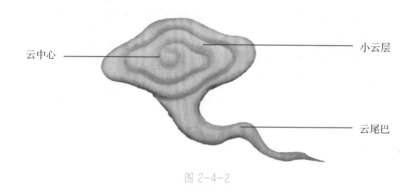

云中心　　　　小云层

云尾巴

图 2-4-2

（二）工艺分析

工艺分析具体如图 2-4-3 所示。

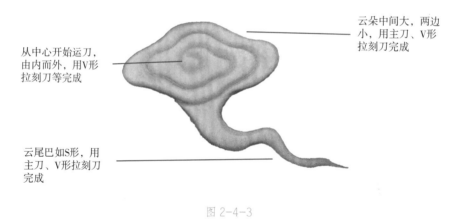

从中心开始运刀，由内而外，用V形拉刻刀等完成

云朵中间大，两边小，用主刀、V形拉刻刀完成

云尾巴如S形，用主刀、V形拉刻刀完成

图 2-4-3

三、任务实施

（一）实训准备

1. 主要原材料：牛腿南瓜 1 块。
2. 用具：雕刻主刀、V 形拉刻刀、桑刀、砧板、毛巾、小方盘。

（二）操作步骤

1. 在南瓜上，用 V 形拉刻刀拉刻出一个不完全闭合的小圆圈（如图 2-4-4 所示）。

2.拉刻出第一层云（如图 2-4-5 所示）。

3.继续拉刻出外围的云层（如图 2-4-6 所示）。

4.在云朵的下部，继续拉刻出 S 形的云尾巴（如图 2-4-7 所示）。

5.用主刀沿着云朵最外围的凹槽，将云朵取出来即可（如图 2-4-8 所示）。

6.用同样的方法，在第一朵云旁继续添加云朵，形成连绵的云层（如图 2-4-9 所示）。

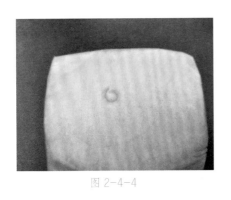

图 2-4-4

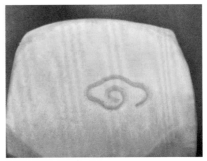

图 2-4-5

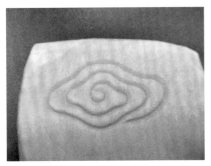

图 2-4-6

图 2-4-7

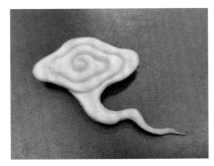

图 2-4-8

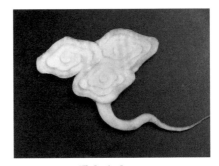

图 2-4-9

（三）工艺要点

1.雕刻云朵时，可先画简笔画再进行雕刻，在心里对云有个概念。

2.在拉刻云朵时，注意用力均匀，两边要对称。

3.拉刻云尾巴时，要弯曲些，这样云朵才飘逸。

（四）评价标准

雕好的云朵，中间大，两边小，对称性强；拉刻纹路深浅均匀，距离适中；尾部飘逸、自然。

四、任务拓展

根据所学的实训内容，对比欣赏下面的作品（如图 2-4-10 所示）。

图 2-4-10

任务五　海浪

一、任务引入

浩瀚无边的大海，是人类获得馈赠之地，也是人心中向往之所。关于大海，从古至今流传着许多神秘的故事。无论是因风而起，还是因潮汐而成，或是因地震而啸，海浪都是大海的重要"代言人"。海浪有大有小，有可爱有奔放，因此在雕刻中，其表达的形式是多样的、不拘一格的。

海浪（如图 2-5-1 所示），有坚持不懈、勇往直前等寓意，在雕刻中常与水族类、龙等作品一起使用。

图 2-5-1

二、任务分析

(一)结构部位分析

海浪图画与雕刻作品的结构部位对比如图 2-5-2 所示。

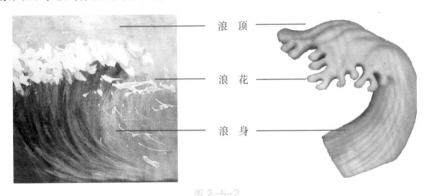

浪 顶

浪 花

浪 身

图 2-5-2

(二)工艺分析

工艺分析具体如图 2-5-3 所示。

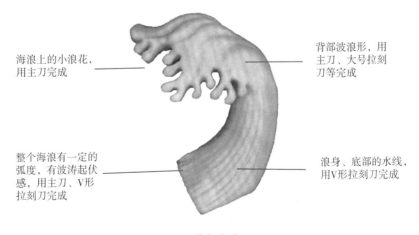

海浪上的小浪花,
用主刀完成

背部波浪形,用
主刀、大号拉刻
刀等完成

整个海浪有一定的
弧度,有波涛起伏
感,用主刀、V形
拉刻刀完成

浪身、底部的水线,
用V形拉刻刀完成

图 2-5-3

三、任务实施

（一）实训准备

1. 主要原材料：牛腿南瓜 1 块。
2. 用具：雕刻主刀、V 形拉刻刀、大号拉刻刀、桑刀、砧板、毛巾、小方盘。

（二）操作步骤

1. 切胚、画大型：取一块南瓜，用 2B 铅笔画出海浪的大体形状（如图 2-5-4 所示）。
2. 沿着笔画，雕刻出海浪的背部（如图 2-5-5 所示）。
3. 沿着笔画，用主刀雕刻出小浪花，并去除废料，让小浪花凸显（如图 2-5-6 所示）。
4. 从小浪花底部去除废料，让底部保持小括号"）"形（如图 2-5-7 所示）。
5. 修整底部，用 V 形拉刻刀拉刻出水线；在海浪顶部，用大号拉刻刀拉刻出几条纹路，使海浪更有层次感（如图 2-5-8 所示）。

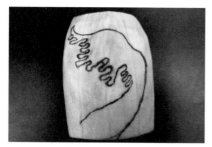

图 2-5-4

图 2-5-5

图 2-5-6

图 2-5-7

图 2-5-8

（三）工艺要点

1. 小浪花如水滴状，在画或雕刻时，需要按这个特征来进行。

2. 在雕刻小浪花时，下刀深一些，目的是方便取废料，避免出现因取不出来而需要重复加工的情况，同时要顺其自然，不能硬掰，以免掰断小浪花。

3. 雕刻好小浪花后，在去除整个海浪的废料时，需上下观看，确保下刀准确，避免切断小浪花。

（四）评价标准

雕刻好的海浪，小浪花如水滴状、完整、无断裂、无毛边，整个浪花弧度自然，纹路清晰，形象生动。

四、任务拓展

下面介绍两种常见海浪的制作方法。

（一）海浪 1

1. 用 2B 铅笔定型（如图 2-5-9 所示）。

2. 用主刀沿着笔画逐层运刀，接着逐层去废料（如图 2-5-10、图 2-5-11 所示）。

3. 将雕刻好的海浪略做修整即可（如图 2-5-12 所示）。

图 2-5-9

图 2-5-10

图 2-5-11

图 2-5-12

（二）海浪 2

1. 用 2B 铅笔定型（如图 2-5-13 所示）。

2. 用主刀沿着笔画运刀，接着去废料（如图 2-5-14、图 2-5-15 所示）。

3. 将雕刻好的海浪修圆润，并用 V 形拉刻刀拉刻出水线纹路即可（如图 2-5-16 所示）。

图 2-5-13

图 2-5-14

图 2-5-15

图 2-5-16

根据所学的实训内容，完成组合浪花作品的制作（如图 2-5-17 所示）。

图 2-5-17

任务六　灯笼

一、任务引入

灯笼（如图 2-6-1 所示），又称灯彩，源于西汉，传承至今。古有宫灯、纱灯、花灯等灯彩，其工艺复杂。花、鸟、虫、鱼，习俗风情，神话传说等，均可在灯笼上呈现。在朝堂、寺庙、百姓家的里面、房前屋后都有灯笼的身影，它不仅是一种照明工具，还是一种工艺品，更是一种精神的寄托，承载着人们的美好祝愿。无论在除夕、元宵节、国庆等节日，还是在婚嫁、添丁、祈福、乔迁、开张等时，灯笼都是一个重要的"喜庆"的角儿，从不缺席。

灯笼有喜庆、团圆等寓意，在雕刻中可以和相应的主题作品搭配使用，以增强作品效果。

图 2-6-1

二、任务分析

（一）结构部位分析

灯笼实物与雕刻作品的结构部位对比如图 2-6-2 所示。

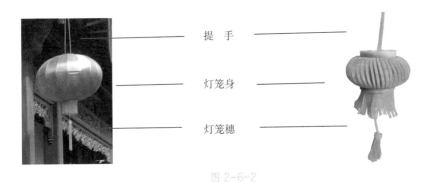

提　手

灯笼身

灯笼穗

图 2-6-2

（二）工艺分析

工艺分析具体如图 2-6-3 所示。

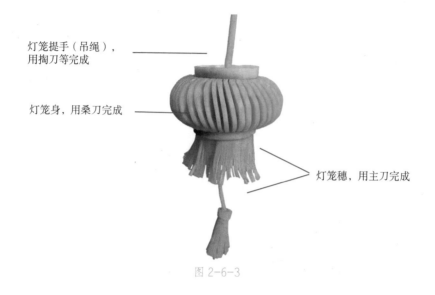

灯笼提手（吊绳），
用掏刀等完成

灯笼身，用桑刀完成

灯笼穗，用主刀完成

图 2-6-3

三、任务实施

（一）实训准备

1. 主要原材料：胡萝卜 1 个，青萝卜 1 块。
2. 用具：雕刻主刀、桑刀、圆形模具、砧板、毛巾、小方盘。

（二）操作步骤

1. 用桑刀将胡萝卜竖着对开，然后修成侧面为半圆形的胚体（如图 2-6-4 所示）。
2. 用蓑衣刀法在胚体上运刀，将其切好（如图 2-6-5～图 2-6-7 所示）。
3. 将胚体粘好，成圆环形，即灯笼身（如图 2-6-8 所示）。
4. 用圆形模具压出两个圆形片，然后粘在灯笼身的上部和底部（如图 2-6-9、图 2-6-10 所示）。
5. 在一片长方形的胡萝卜片上，用主刀将一部分切成细丝，另一部分不切断，接着将其粘在灯笼身底部（如图 2-6-11～图 2-6-13 所示）。
6. 将青萝卜切出两条小薄片，接着粘在灯笼身底部、灯笼穗的外围（如图 2-6-14、图 2-6-15 所示）。
7. 在一片长方形的胡萝卜片上，用主刀将一部分切成细丝，另一部分不切断，将其卷起来，并用 502 胶水粘紧，制作成灯笼最底部的灯笼穗（如图 2-6-16 所示）。
8. 组装成型（如图 2-6-17 所示）。

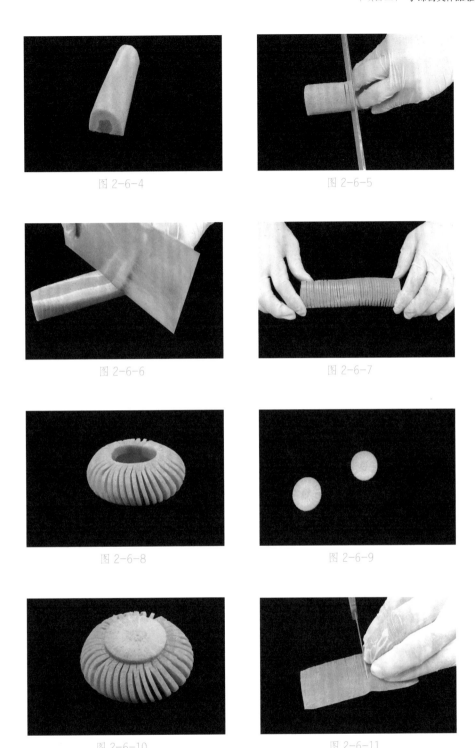

图 2-6-4

图 2-6-5

图 2-6-6

图 2-6-7

图 2-6-8

图 2-6-9

图 2-6-10

图 2-6-11

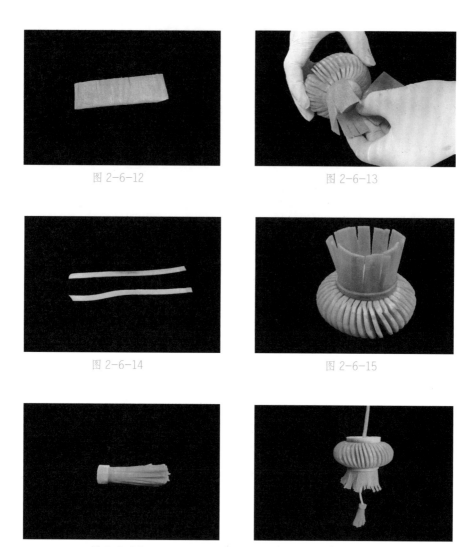

图 2-6-12

图 2-6-13

图 2-6-14

图 2-6-15

图 2-6-16

图 2-6-17

（三）工艺要点

1. 在修侧面为半圆形的胚体时，半圆要尽量精准，而且要注意整条胚体对称。好的胚体才能做出好的灯笼身。

2. 在使用蓑衣刀法时，注意刀要与胚体垂直；同时还要注意刀尖与砧板的角度，避免出现断刀、连刀现象。

（四）评价标准

雕好的灯笼，提手（吊绳）、灯笼身和灯笼穗齐全，自然美观；灯笼身刀纹均匀，大小一致，无断刀、连刀现象；组成灯笼穗的细丝均匀。

四、任务拓展

根据所学的实训内容，欣赏作品"欢庆"（如图 2-6-18 所示）。

图 2-6-18

本项目小结

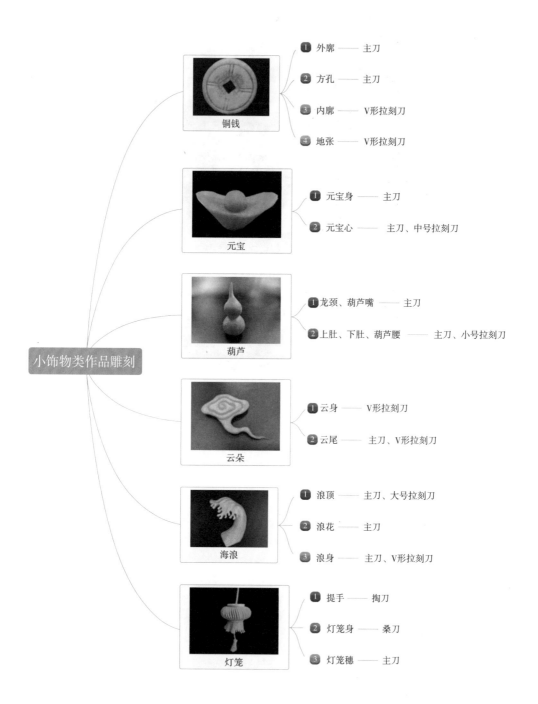

小饰物类作品雕刻

铜钱
1 外廓 —— 主刀
2 方孔 —— 主刀
3 内廓 —— V形拉刻刀
4 地张 —— V形拉刻刀

元宝
1 元宝身 —— 主刀
2 元宝心 —— 主刀、中号拉刻刀

葫芦
1 龙颈、葫芦嘴 —— 主刀
2 上肚、下肚、葫芦腰 —— 主刀、小号拉刻刀

云朵
1 云身 —— V形拉刻刀
2 云尾 —— 主刀、V形拉刻刀

海浪
1 浪顶 —— 主刀、大号拉刻刀
2 浪花 —— 主刀
3 浪身 —— 主刀、V形拉刻刀

灯笼
1 提手 —— 掏刀
2 灯笼身 —— 桑刀
3 灯笼穗 —— 主刀

📑 思考与练习

1. 所学各种小饰物的外形特征是怎样的?
2. 所学各种小饰物运用了哪些雕刻技法?
3. 除所学的小饰物外,在雕刻作品中还有哪些小饰物是较为常用的?
4. 请总结小饰物类运用的场合或场景。

知识链接

1. 学习技巧

通过简笔画与雕刻作品的有机结合,构建实物与作品的联系,如学习葫芦、云朵简笔画(如图 2-7-1、图 2-7-2 所示)。同时,多观赏剪纸、木雕、石雕等作品,以拓宽视野。

图 2-7-1

图 2-7-2

2. 网站链接

搜索本项目对应作品的相关百科知识和视频等,以增加学习的多元性和延展性。

3. 常见小饰物

常见的小饰物有叶子、藤、草、火焰等,具体如图 2-7-3 长叶子、图 2-7-4 叶子、图 2-7-5 树枝、图 2-7-6 小荷叶、图 2-7-7 小草、图 2-7-8 火焰。

图 2-7-3

图 2-7-4

图 2-7-5

图 2-7-6

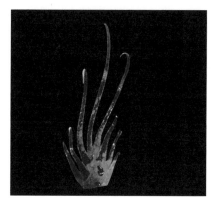

图 2-7-7

图 2-7-8

项目三
花卉类作品雕刻

学习目标

花卉类雕刻作品在盘式、展台等应用场景下比较常用，并为人们所喜欢。通过本项目的学习，了解常见花卉类的形态特征，掌握其雕刻流程及工艺要点，初步掌握主刀的运用及技法，能独立完成作品的制作，并熟悉初步的作品组装工艺。

教学目的

教师通过引导学生思考花卉类植物的特征、种类、象征意义、应用场景等，以常见的花卉雕刻工艺为案例展开教学，从其结构部位分析、雕刻工艺分析、雕刻具体操作步骤及工艺要点，引导学生以任务的形式实现作品的创作。在创作作品评价中，本项目给出了相关的评价标准。学有余力的同学可以参照拓展任务设计自己的创意作品。

主要内容

工艺花、四角花、菊花、玫瑰花、荷花、月季花、牡丹花雕刻作品的制作。

任务一 工艺花

一、任务引入

本任务所学习的工艺花，为简单的粘接花卉。其操作较为简单，采用各种造型的薄片，通过卷、折、粘等手法，快速做成一种简单而美观的工艺花。本任务通过一种工艺花的学习，激发学生对雕刻的学习兴趣，提高学生掌握率。

二、任务分析

任务分析具体如图 3-1-1 所示。

花瓣，用O形拉刻刀完成

花蕊，用小号拉刻刀完成

花瓣和花蕊黏合而成工艺花

图 3-1-1

三、任务实施

（一）实训准备

1. 主要原材料：白萝卜 1 块、胡萝卜 1 块、大红浙醋。
2. 用具：雕刻主刀、O 形拉刻刀、小号拉刻刀、桑刀、砧板、毛巾、小方盘。

（二）操作步骤

1. 取一块白萝卜，用 O 形拉刻刀拉刻出花瓣（如图 3-1-2 所示）。
2. 用少许大红浙醋将花瓣的一边浸泡至粉红色（如图 3-1-3 所示）。
3. 用小号拉刻刀拉刻出一条条的细线，取出，卷起来粘好，成为花蕊（如图 3-1-4、图 3-1-5 所示）。
4. 将花瓣由里到外黏合成工艺花（如图 3-1-6 所示）。

图 3-1-2

图 3-1-3

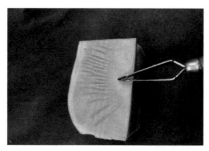

图 3-1-4

图 3-1-5

图 3-1-6

（三）工艺要点

1. 在用 O 形拉刻刀拉刻花瓣时，应注意花瓣的大小一致，同时保证花瓣边缘光滑。

2. 在用小号拉刻刀拉刻花蕊时，要把握好力度，不要时轻时重，并且要保证其完整无缺。

（四）评价标准

花瓣大小一致，层次分明；花蕊整齐自然；整朵工艺花完整、美观。

四、任务拓展

根据所学的实训内容，完成作品"我自盛开"的制作（如图 3-1-7 所示）。

图 3-1-7

任务二 四角花

一、任务引入

四角花，是一种工艺简单的雕刻花朵。对初学食品雕刻的学生而言，雕刻四角花可锻炼其握刀姿势，帮助其熟悉最常用的直刻技法。本作品制作快速，可作为常用盘饰。

二、任务分析

任务分析具体如图 3-2-1 所示。

四角花由4片花瓣组成，用直刻法完成

每个花瓣大小一致，上尖下宽，用主刀完成

花瓣内侧，表面光滑，无多余的废料，用主刀完成

花瓣上薄下厚，坚挺而不蔫、不断，用主刀完成

图 3-2-1

三、任务实施

（一）实训准备

1. 主要原材料：胡萝卜 1 个。

2. 用具：雕刻主刀、小号拉刻刀、桑刀、砧板、毛巾、小方盘。

（二）操作步骤

1. 取一个胡萝卜，用桑刀切成正长方体（如图 3-2-2 所示）。

2. 用小号拉刻刀在正长方体胚体的每个面，均匀拉刻 3 条直线（如图 3-2-3 所示）。

3 用主刀沿正长方体其中一端的棱边，45° 角下刀直切，将其切成均匀的 4 个面（如图 3-2-4、图 3-2-5 所示）。

4. 用主刀沿着 4 个面，直刻出四角花（如图 3-2-6、图 3-2-7 所示）。

图 3-2-2

图 3-2-3

图 3-2-4

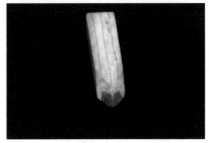

图 3-2-5

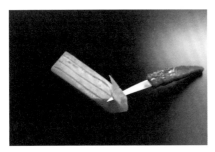

图 3-2-6

图 3-2-7

（三）工艺要点

1. 在直刻每个花瓣到底部时，都要有一个内旋的技法，这样才能把底部切断，顺利把四角花取下来。如发现取不下来，可分别沿花瓣下刀进行补救，切忌硬掰下来。

2. 雕刻花瓣时，运刀如不太熟练，可在直刻技法上配合拉切技法使用，但要保证花瓣完整、厚薄均匀。

（四）评价标准

四角花的花瓣薄而均匀，长度适中，将所有四角花摞起来，可还原胚体的形状。

四、任务拓展

根据所学的实训内容，独立完成作品"绽放"的制作（如图 3-2-8 所示）。

图 3-2-8

任务三 菊花

一、任务引入

　　菊花是花中四君子（梅兰竹菊）之一，也是世界四大切花（菊花、月季、康乃馨、唐菖蒲）之一，产量居首。菊花既有"缅怀"之意，又是中国文人品格、气节的写照，因此，在扫墓时送菊花，在缅怀先烈时用菊花。本任务所学的龙爪菊（如图 3-3-1 所示），颜色有白、黄、紫等。其因美丽、高雅、大方而为人们所青睐。在食品雕刻作品中，此花更多表达的是吉祥、长寿、品格高洁等寓意。

图 3-3-1

二、任务分析

（一）结构部位分析

龙爪菊实物与雕刻作品的结构部位对比如图 3-3-2 所示。

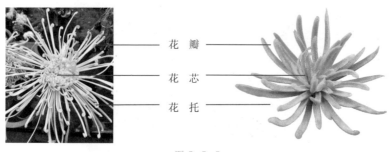

花　瓣

花　芯

花　托

图 3-3-2

（二）工艺分析

工艺分析具体如图 3-3-3 所示。

龙爪菊由4种长度的花瓣组成，用大号拉刻刀完成

每层花瓣大小、长短基本一致，厚薄均匀，光滑无毛边，用大号拉刻刀完成

粘贴花瓣时，按由短至长、由内到外的顺序进行

花瓣呈辐射对称状

图 3-3-3

三、任务实施

（一）实训准备

1. 主要原材料：牛腿南瓜 1 块。
2. 用具：雕刻主刀、大号拉刻刀、桑刀、砧板、毛巾、小方盘。

（二）操作步骤

1. 取一块南瓜，先用大号拉刻刀拉刻出一排凹槽，接着继续用大号拉刻刀在凹槽内拉刻龙爪菊的花瓣（如图 3-3-4、图 3-3-5 所示）。

2. 用同样的方法拉刻出 4 种不同长度的花瓣（如图 3-3-6、图 3-3-7 所示）。

3. 另取一小块南瓜，雕刻出一条连着花托的花枝（如图 3-3-8 所示）。

4. 用 502 胶水将花瓣按由短至长的顺序依次粘在花托上，适当修整即可（如图 3-3-9、图 3-3-10 所示）。

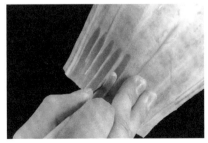

图 3-3-4

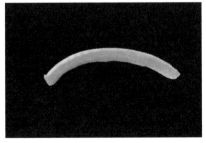

图 3-3-5

图 3-3-6

图 3-3-7

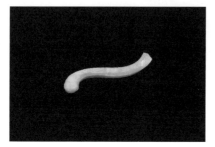
图 3-3-8

图 3-3-9

图 3-3-10

（三）工艺要点

1. 在用大号拉刻刀拉刻花瓣时，用力均匀，注意每层花瓣大小、长短基本一致，厚薄均匀，光滑无毛边。

2. 在粘贴花瓣时，按由短至长、由内到外的顺序进行，最后做适当的修整。

（四）评价标准

雕好的龙爪菊花瓣呈辐射对称状，每层花瓣大小、长短基本一致，厚薄均匀，光滑无毛边。

四、任务拓展

根据所学的实训内容，独立完成作品"菊韵"的制作（如图 3-3-11 所示）。

图 3-3-11

任务四　玫瑰花

一、任务引入

玫瑰（如图 3-4-1 所示），是蔷薇科蔷薇属植物，发源于中国北部、俄罗斯、朝鲜等北半球温带地区。玫瑰花形若红酒杯，但"杯口"处（花瓣的边缘）往外翻，因此在雕刻该作品时，要注意其大型的特点。一直以来，玫瑰花都为人们所喜爱，因其美丽、象征爱情而寄托着人们对美的向往、对美满爱情的愿景。以玫瑰花为主体的作品，不仅可用于情人节，还可用于结婚纪念日、婚礼等喜庆的场景，即便用作日常的小盘饰，也为人们所喜爱。

图 3-4-1

二、任务分析

（一）结构部位分析

玫瑰花实物与雕刻作品的结构部位对比如图 3-4-2 所示。

花 芯

花 瓣

花 托

图 3-4-2

（二）工艺分析

工艺分析具体如图 3-4-3 所示。

玫瑰花有5层花瓣，每
层花瓣由3片花瓣组成，
用主刀、大号拉刻刀
完成

花瓣由外向内逐层
减小，花芯用旋刀
法、直切法，用主
刀完成

每层花瓣部分重
叠，交错生长，
用主刀、大号拉
刻刀完成

每层花瓣倒卵形，
每片花瓣边缘往外
翻，用主刀、大号
拉刻刀、U形戳刀
完成

图 3-4-3

三、任务实施

（一）实训准备

1. 主要原材料：胡萝卜 1 段。
2. 用具：雕刻主刀、大号拉刻刀、桑刀、砧板、毛巾、小方盘。

（二）操作步骤

1. 取一段胡萝卜，将底部修圆，类似红酒杯状，作为玫瑰花的底部（如图 3-4-4 所示）。

2. 将胚体三等分，然后在其中的 1/3，用大号拉刻刀拉刻一个类似椭圆形的凹槽（如图 3-4-5 所示）。

3. 接着用大号拉刻刀将凹槽的一边修圆润，定出第一层第一片花瓣的位置（如图 3-4-6 所示）。

4. 用主刀雕刻出花瓣，并去除废料，完成该花瓣的制作（如图 3-4-7 所示）。

5. 接着用同样的方法雕刻出第一层的另外两片花瓣，注意花瓣的交错和大小（如

图 3-4-8 所示)。

6.用戳刀，按第一层第一片花瓣的方法，雕刻出第二、第三层花瓣，但每片花瓣应位于上一层任意两片花瓣的中间（如图 3-4-9、图 3-4-10 所示）。

7.用主刀采用旋刀法逐步收小花瓣，直至把花芯雕刻好（如图 3-4-11、图 3-4-12 所示）。

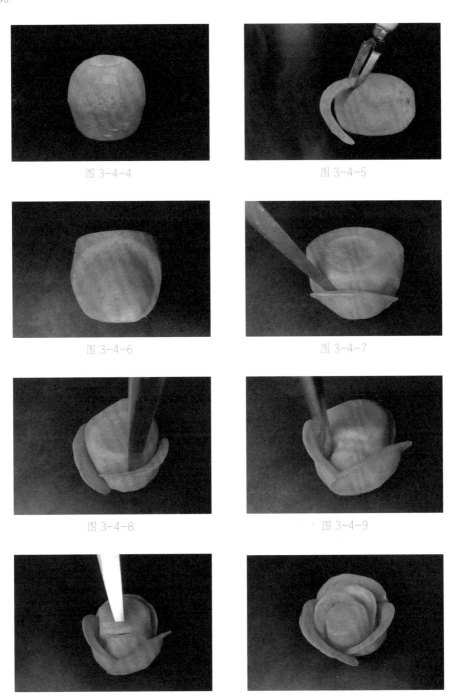

图 3-4-4

图 3-4-5

图 3-4-6

图 3-4-7

图 3-4-8

图 3-4-9

图 3-4-10

图 3-4-11

图 3-4-12

（三）工艺要点

1. 雕刻玫瑰花时，注意确定好第一层花瓣每片花瓣的位置，各占花胚体的 1/3。

2. 注意花瓣的形状呈倒卵形。在雕刻时，注意把握好大号拉刻刀或戳刀的力度，以免拉刻的凹槽过深或过浅，影响成品的效果。

3. 注意同一层花瓣须重叠交错，以及相邻层花瓣间重叠交错。

（四）评价标准

雕好的玫瑰花，呈红酒杯形，整齐而无断裂、缺口现象；每层花瓣重叠交错、层次分明，而且花瓣薄而均匀，边缘往外翻，花芯紧密。

四、任务拓展

根据所学的实训内容，独立完成作品"玫瑰花"的制作（如图 3-4-13 所示）。

图 3-4-13

任务五　荷花

一、任务引入

荷花（如图 3-5-1 所示），历来为文人墨客歌咏绘画的重要题材。看到荷花或听到荷花这个词语，人们往往会想起北宋著名诗人周敦颐的《爱莲说》，为其"出淤泥而不染，濯清涟而不妖，中通外直"的高尚品格所折服。荷花由花瓣、莲蓬、莲子、花蕊组成，花色有白、粉、深红、淡紫、黄或间色等。

荷花有高洁、神圣、吉祥以及美好的友谊和爱情等寓意，因此其雕刻作品可用于各种场景。它还可以与荷叶、池塘、江河等自然景物，鲤鱼、金鱼等水族类，仙鹤、人物等组成组合作品，使用范围极为广泛。

图 3-5-1

二、任务分析

（一）结构部位分析

荷花实物与雕刻作品的结构部位对比如图 3-5-2 所示。

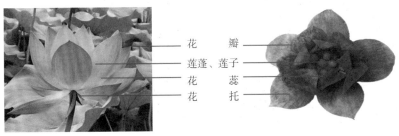

花　　瓣
莲蓬、莲子
花　　蕊
花　　托

图 3-5-2

（二）工艺分析

工艺分析具体如图 3-5-3 所示。

莲蓬为圆台形，用主刀完成；莲子为圆形，用掏刀完成；花蕊用小号拉刻刀完成

共3层花瓣，每层有5片花瓣，花瓣"（"形，而且厚薄均匀，用主刀完成

花瓣交错生长，后一层花瓣在前一层两片花瓣之间，用主刀完成

图 3-5-3

三、任务实施

（一）实训准备

1. 主要原材料：心里美萝卜半个、胡萝卜 1 段。
2. 用具：雕刻主刀、小号拉刻刀、掏刀、桑刀、砧板、毛巾、小方盘。

（二）操作步骤

1. 取半个心里美萝卜，切出 5 个大小均匀的面，要求胚体上下均为正五边形（如图 3-5-4、图 3-5-5 所示）。

2. 用主刀定出花瓣的形状，接着用主刀雕出第一层 5 片花瓣（如图 3-5-6 所示）。

3. 将第一层花瓣上面的胚体去除废料，均匀雕出第二层花瓣的 5 个面（如图 3-5-7 所示）。

4. 用第一层花瓣的方法雕刻出第二、第三层花瓣（如图 3-5-8、图 3-5-9 所示）。

5. 将花瓣中心的胚体修成下小上大的倒圆台形，并横切掉一部分，让莲蓬高度适中。

6. 用掏刀在莲蓬上掏 6 个圆孔，接着用掏刀在胡萝卜上掏出 6 颗莲子，分别将莲子粘在圆孔中（如图 3-5-10 所示）。

7. 用小号拉刻刀拉刻出花蕊，并粘在莲蓬边上（如图 3-5-11 所示）。

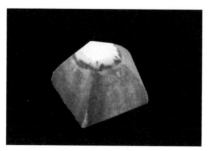

图 3-5-4

图 3-5-5

图 3-5-6   图 3-5-7

图 3-5-8   图 3-5-9

图 3-5-10   图 3-5-11

（三）工艺要点

1. 切花瓣胚体时，可先在花瓣底部画好一个正五边形，接着沿正五边形的边斜刀切出 5 个均匀的面，以保证花瓣大小一致。

2. 第二、第三层花瓣要有"（"的形状，以增加花的立体感和形象度。在修胚体时就要把"（"形修出来，然后沿着胚体雕出花瓣。

3. 雕刻花瓣时，要注意稳，既要做到薄而均匀，又要保证其完整。

4. 每层花瓣交错，如第二层花瓣的每片花瓣要在第一层每两片花瓣的中间，去除废料时要据此而定。

（四）评价标准

雕好的荷花，共 3 层花瓣，每层都有 5 片花瓣，大小一致、厚薄均匀、平整光滑、无裂痕、无缺口、无毛边；莲蓬、莲子圆润，花蕊黏合自然；整个花朵呈绽放状，形态逼真。

四、任务拓展

根据所学的实训内容，独立完成作品"灼灼荷花"的制作（如图 3-5-12 所示）。

图 3-5-12

任务六　月季花

一、任务引入

月季花（如图 3-6-1 所示），为中国十大名花之一，被称为花中皇后，又称"月月红"。其颜色有红色、紫色、黄色等，因此可以选用心里美萝卜、红薯等作为雕刻原料，这样花色相近，增加其仿真度。月季花的花瓣每层为 5 片，相邻两层花瓣交错生长，由外向内逐层减小。其因美丽、大方、高雅而深受人们喜爱。它可与凤凰、孔雀、亭台楼阁等搭配，使用范围广泛，是盘式应用场景中比较常用的主题作品。

月季花具有纯洁的爱、热恋、贞节、勇气、红红火火等寓意，适用于各种喜庆的场景。

图 3-6-1

二、任务分析

（一）结构部位分析

月季花实物与雕刻作品的结构部位对比如图 3-6-2 所示。

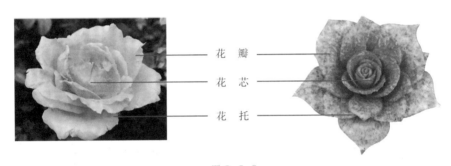

花　瓣

花　芯

花　托

图 3-6-2

（二）工艺分析

工艺分析具体如图 3-6-3 所示。

月季花有5层以上花瓣，每层由5片花瓣组成，用主刀完成

第三层花瓣到花芯，雕刻技法逐渐由外斜切法向直切法、旋刀法转变，用主刀完成

相邻层的花瓣交错生长，错落有致，用主刀完成

第一、第二层花瓣沿斜面用直切法运刀，每层花瓣大小一致，厚薄均匀，用主刀完成

图 3-6-3

三、任务实施

（一）实训准备

1. 主要原材料：心里美萝卜半个。
2. 用具：雕刻主刀、桑刀、砧板、毛巾、小方盘。

（二）操作步骤

1. 取半个心里美萝卜，在底部画一个正五边形，定好花底部的大小（如图3-6-4所示）。

2. 沿着正五边形的每条边，用同等的斜角运刀斜切，力求切出来的5个斜面大小一致，斜度一致（如图3-6-5所示）。

3. 用2B铅笔画出第一层花瓣的形状，并用主刀顺着笔画轻轻拉切（如图3-6-6所示）。

4. 用主刀沿着斜面，直刻出第一层花瓣（如图3-6-7、图3-6-8所示）。

5. 在第一层任意两片相邻花瓣的尖角位置下刀，去除废料，均匀地雕刻出第二层花瓣的斜面（如图3-6-9、图3-6-10所示）。

6. 用雕刻第一层花瓣的方法完成第二、第三层花瓣的制作（如图3-6-11、图3-6-12所示）。

7. 雕刻好第三层花瓣后，将中间的胚体直刻成圆柱体，接着雕刻出第四层花瓣（如图3-6-13、图3-6-14所示）。

8. 从第五层花瓣到花芯，用旋刀法完成（如图3-6-15所示）。

图 3-6-4

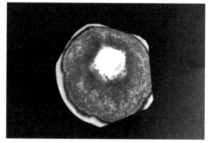

图 3-6-5

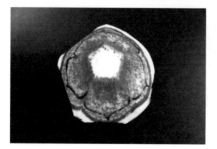

图 3-6-6

图 3-6-7

图 3-6-8

图 3-6-9

图 3-6-10

图 3-6-11

图 3-6-12

图 3-6-13

图 3-6-14

图 3-6-15

（三）工艺要点

1.切花瓣胚体时，可先在花瓣底部画好一个正五边形，接着沿正五边形的边斜刀切出 5 个均匀的面，以保证花瓣大小一致。

2.注意雕刻技法的变化，第一、第二层花瓣基本用外斜切法，第三层花瓣到花芯，技法逐渐向直切法、旋刀法转变。

3. 雕刻花瓣时，要注意稳，既要做到薄而均匀，又不能出现断裂的情况。

4. 单数与双数层花瓣交错生长，错落有致，注意对雕刻好每层花瓣后去废料技法的掌握。

（四）评价标准

雕出月季花的花瓣，规格为花瓣至少5层，花瓣圆润，花瓣间错落有致，每层花瓣大小均匀，花体自然。

四、任务拓展

根据所学的实训内容，独立完成作品"蝶恋花"的制作（如图3-6-16所示）。

图 3-6-16

任务七　牡丹花

一、任务引入

牡丹（如图3-7-1所示），是毛茛科、芍药属植物，为多年生落叶灌木。花色泽艳丽，玉笑珠香，风流潇洒，富丽堂皇，素有"花中之王"的美誉，又有"国色天香"之称。牡丹品种繁多，颜色亦多，以黄、绿、肉红、深红、银红为上品，尤其以黄、绿为贵。唐代刘禹锡的诗《赏牡丹》："庭前芍药妖无格，池上芙蕖净少情。唯有牡丹真国色，花开时节动京城。"牡丹象征高贵、典雅的气质，寓意富贵祥和。

图 3-7-1

二、任务分析

（一）结构部位分析

牡丹花实物与雕刻作品的结构部位对比如图 3-7-2 所示。

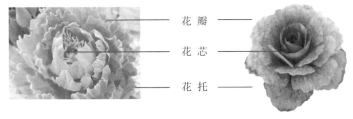

花瓣
花芯
花托

图 3-7-2

（二）工艺分析

工艺分析具体如图 3-7-3 所示。

第五层花瓣到花芯，雕刻技法逐渐由外斜切法向直切法、旋刀法转变，用主刀完成

前4层花瓣沿斜面用直切法运刀，每层花瓣大小一致，厚薄均匀，用主刀完成

牡丹花有5层以上花瓣，每层基本由5片花瓣组成，边缘波浪形，用主刀完成

相邻层的花瓣交错生长，错落有致，用主刀完成

图 3-7-3

三、任务实施

（一）实训准备

1. 主要原材料：心里美萝卜半个。
2. 用具：雕刻主刀、桑刀、砧板、毛巾、小方盘。

（二）操作步骤

1. 取半个心里美萝卜，在底部画一个正五边形，定好花底部的大小（如图 3-7-4 所示）。

2. 沿着正五边形的每条边，以同等的斜角运刀斜切，力求切出来的 5 个斜面大小一致，斜度一致（如图 3-7-5 所示）。

3. 用 2B 铅笔画出第一层花瓣的形状，边缘波浪形，并用主刀顺着笔画轻轻拉切，接着用主刀沿着斜面，直刻出第一层花瓣（如图 3-7-6 所示）。

4. 在第一层任意两片相邻花瓣的尖角位置下刀，去除废料，均匀地雕刻出第二层花瓣的斜面（如图 3-7-7 所示）。

5. 用雕刻第一层花瓣的方法完成第二、第三层花瓣的制作（如图 3-7-8、图 3-7-9 所示）。

6. 雕刻好第四层花瓣后，接着将中间的胚体直刻成圆柱体（如图 3-7-10 所示）。

7. 从第五层花瓣到花芯，用直切法和旋刀法完成（如图 3-7-11 所示）。

图 3-7-4

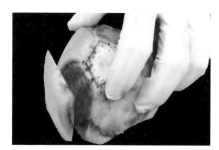

图 3-7-5

图 3-7-6

图 3-7-7

图 3-7-8

图 3-7-9

图 3-7-10

图 3-7-11

（三）工艺要点

1. 切花瓣胚体时，可先在花瓣底部画好一个正五边形，接着沿正五边形的边斜刀切出 5 个均匀的面，以保证花瓣大小一致。

2. 注意雕刻技法的变化，第一、第二、第三、第四层花瓣基本用外斜刻法，第五层花瓣到花芯，技法逐渐向直切法、旋刀法转变。

3. 雕刻花瓣时，要注意稳，既要做到薄而均匀，又不能出现断裂的情况。

4. 相邻层花瓣交错生长，错落有致，注意雕刻好每层花瓣后，把握去除每层废料的定位。前 3 层基本都是去除同层相邻两片花瓣之间的尖角，下刀位置则在此两片花瓣的中心点；雕刻好第四层花瓣后，可将中心的胚体直刻成圆柱体，接着雕刻一片花瓣就去除一块废料，逐渐用旋刀法完成。

（四）评价标准

雕出牡丹花的花瓣，规格为花瓣至少 5 层；花瓣圆润，边缘波浪纹清晰，花瓣间错落有致；每层花瓣大小均匀，无废料残留；花体自然、美观。

四、任务拓展

根据所学的实训内容，独立完成作品"一放倾城"的制作（如图 3-7-12 所示）。

图 3-7-12

本项目小结

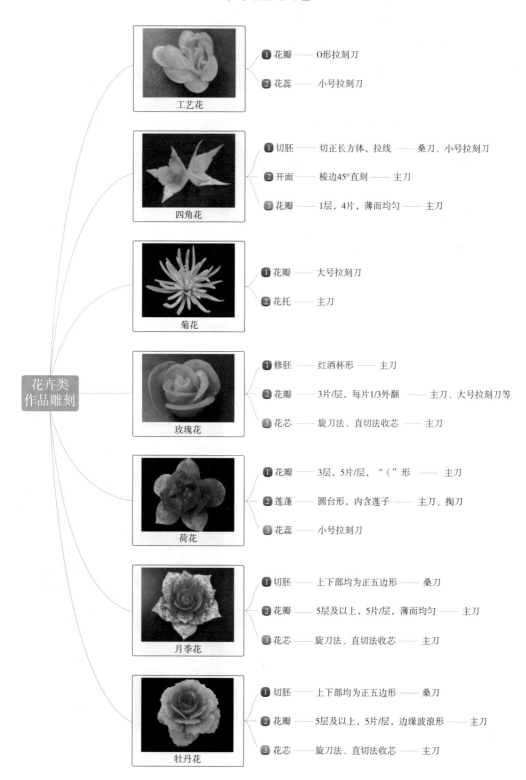

工艺花
❶ 花瓣 —— O形拉刻刀
❷ 花蕊 —— 小号拉刻刀

四角花
❶ 切胚 —— 切正长方体，拉线 —— 桑刀、小号拉刻刀
❷ 开面 —— 棱边45°直刻 —— 主刀
❸ 花瓣 —— 1层，4片，薄而均匀 —— 主刀

菊花
❶ 花瓣 —— 大号拉刻刀
❷ 花托 —— 主刀

玫瑰花
❶ 修胚 —— 红酒杯形 —— 主刀
❷ 花瓣 —— 3片/层，每片1/3外翻 —— 主刀、大号拉刻刀等
❸ 花芯 —— 旋刀法、直切法收芯 —— 主刀

荷花
❶ 花瓣 —— 3层，5片/层，"（"形 —— 主刀
❷ 莲蓬 —— 圆台形，内含莲子 —— 主刀、掏刀
❸ 花蕊 —— 小号拉刻刀

月季花
❶ 切胚 —— 上下部均为正五边形 —— 桑刀
❷ 花瓣 —— 5层及以上，5片/层，薄而均匀 —— 主刀
❸ 花芯 —— 旋刀法、直切法收芯 —— 主刀

牡丹花
❶ 切胚 —— 上下部均为正五边形 —— 桑刀
❷ 花瓣 —— 5层及以上，5片/层，边缘波浪形 —— 主刀
❸ 花芯 —— 旋刀法、直切法收芯 —— 主刀

花卉类作品雕刻

思考与练习

1. 总结各任务所学花卉的特征及雕刻刀法。
2. 雕刻花芯有哪些技巧？
3. 对比工艺花、菊花的雕刻工艺，总结其异同。
4. 总结荷花、月季花、牡丹花雕刻技法的异同。

知识链接

1. 学习技巧

通过简笔画与雕刻作品的有机结合，构建实物与作品的联系，如学习玫瑰花、荷花等的简笔画（如图 3-8-1～图 3-8-4 所示）。同时，多观赏剪纸、木雕、石雕等作品，以拓宽视野。

图 3-8-1   图 3-8-2

图 3-8-3   图 3-8-4

2. 网站链接

搜索本项目对应作品的相关百科知识和视频等，以增加学习的多元性和延展性。

3. 常见花卉雕刻刀法

（1）切刀法

切刀法主要使用主刀操作。右手用执笔式握刀法或横掌式握刀法，左手拿住材料，刀口向下或向前，平切或斜切原料，切出花瓣。其可分为直切法、推切法、拉切法、锯切法等，是雕刻花卉最常用的方法（如图 3-8-5、图 3-8-6 所示）。

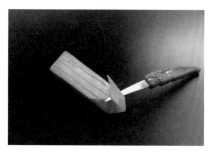
图 3-8-5

图 3-8-6

（2）旋刀法

旋刀法是在雕刻过程中，为了增加花卉的立体感、形象感、自然感，通过在花卉胚体上旋切出有弧度的花瓣或去除废料，从而雕刻出花瓣的刀法。在花瓣收芯时常用此法（如图 3-8-7 所示）。此外，玫瑰花、牡丹花等可用此法直接雕刻出来（如图 3-8-8 所示）。

图 3-8-7

图 3-8-8

（3）戳刀法

戳刀法一般用 V 形拉刻刀或 U 形拉刻刀进行操作，以雕刻一些 V 形、U 形或细条的花瓣。如龙爪菊（如图 3-8-9 所示）、长丝菊（如图 3-8-10 所示）等，可用此法直接戳出来。此法用途较广，可分为直戳法、曲线戳法、撬刀戳法、细条戳法、翻刀戳法等。

图 3-8-9

图 3-8-10

项目四
建筑类作品雕刻

◎ 学习目标

建筑类雕刻作品在展台和盘式等应用场景下比较常用，在特定的宴会或菜品盘式中能表达特别的意义。通过本项目的学习，了解常见建筑类的形态特征，掌握建筑类雕刻流程及工艺要点，懂得运用不同的刀具及技法，实现不同的形态效果，并为展台的制作打下基础。在实训过程中，掌握桥、凉亭和宝塔等常见的具有典型意义的建筑物的雕刻技法及形态。

▤ 教学目的

教师通过引导学生思考建筑类作品的特征、种类、象征意义、应用场景等，以常见的建筑雕刻工艺为案例展开教学，从其结构部位分析、雕刻工艺分析、雕刻具体操作步骤及工艺要点，引导学生以任务的形式实现作品的创作。在创作作品评价中，本项目给出了相关的评价标准。学有余力的同学可以参照拓展任务设计自己的创意作品。

☑ 主要内容

拱桥、凉亭和宝塔雕刻作品的制作。

任务一　拱桥

一、任务引入

桥是生活中常见的建筑，拱桥指的是在竖直平面内以拱作为结构主要承重构件的桥梁。我国的拱桥独具一格，形式之多，造型之美，世界少有（如图 4-1-1 所示）。有驼峰突起的陡拱，有宛如皎月的坦拱，有玉带浮水的平坦的纤道多孔拱桥，还有长虹卧波、形成自然纵坡的长拱桥。拱肩上有敞开的（如大拱上加小拱），现称空腹拱；也有不敞开的，现称实腹拱。拱形有半圆形、多边形、圆弧形、椭圆形、抛物线形、蛋形、马蹄形和尖拱形，可以说应有尽有。

孔数有单孔与多孔，多孔以奇数为多，偶数较少。当多孔拱桥的某孔主拱受荷时，能通过桥墩的变形或拱上结构的作用将荷载由近及远传递到其他孔主拱上去，这样的拱桥称为连续拱桥，简称连拱。江浙水乡的三、五、七、九孔石拱桥，一般是中孔最大，两边孔径依次按比例递减，桥墩狭薄轻巧，具有划一格局，令人钦佩。由于桥孔搭配适宜，全桥协调匀称，所以自然落坡既便于行人上下拱桥，又利于各类船只航运。

拱桥作为古建筑，造型优美，曲线圆润，富有动感。雕刻的拱桥在展台和盘式应用场景中能起到增加食趣的作用。雕刻时要注意其形态，特别突出其桥身古雅特色。

图 4-1-1

二、任务分析

（一）结构部位分析

拱桥实物与雕刻作品的结构部位对比如图 4-1-2 所示。

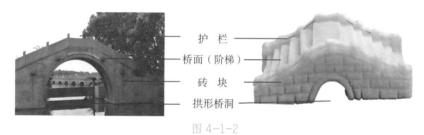

护　栏
桥面（阶梯）
砖　块
拱形桥洞

图 4-1-2

（二）工艺分析

工艺分析具体如图 4-1-3 所示。

护栏，为正长方体
柱子，用主刀完成

桥面阶梯，主刀
完成

长方形砖块，用
小号拉刻刀完成

拱形桥洞，用主刀
和U形拉刻刀完成

图 4-1-3

三、任务实施

（一）实训准备

1.主要原材料：南瓜 1 块。

2.用具：雕刻主刀、U 形拉刻刀、小号拉刻刀、桑刀、砧板、毛巾、小方盘。

（二）操作步骤

1.用主刀将南瓜雕刻成桥形大坯，中间刻出桥洞的形状（如图 4-1-4 所示）。

2.用小号拉刻刀拉刻出桥护栏和桥面的位置（如图 4-1-5 所示）。

3.用主刀在桥面两边各切一刀，去掉桥面废料，突出桥面与护栏部位（如图 4-1-6 所示）。

4.用主刀横竖相交切去废料雕刻出梯级（如图 4-1-7 所示）。

5.用主刀雕刻出桥面两边的护栏（如图 4-1-8 所示）。

6.用小号拉线刀拉刻出砖块的线条，完成拱桥的制作（如图 4-1-9 所示）。

图 4-1-4

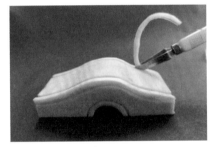

图 4-1-5

图 4-1-6

图 4-1-7

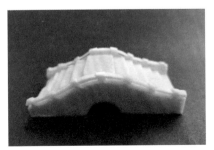

图 4-1-8

图 4-1-9

（三）工艺要点

1. 雕刻拱桥时，应认真了解其外形特征，要先从整体考虑，规划好大体形态，做好形态定位。

2. 要先雕整体外形，特别是桥洞、桥护栏的定位，要留足位置，然后再雕细节，灵活运用各种刀具，以呈现更好的效果。

3. 雕刻时，应注意拱桥各梯级和砖块线条的间距要均匀，这样才能使作品自然逼真。

（四）评价标准

拱桥桥洞大小与桥身大小比例要合理，才能体现景观建筑的外形美。梯级和砖块线条清楚，分布均匀合理。护栏精致细腻，体现古建筑精工细作的特点。

四、任务拓展

参考图片，根据拱桥的雕刻技法，完成"桥韵"的制作（如图4-1-10所示）。

图 4-1-10

任务二　凉亭

一、任务引入

凉亭（如图4-2-1所示），是生活中常见的小型建筑，一般建在山上、水旁、花间和桥上，供人们遮阳避雨，休息观景。同时，凉亭本身也是精美建筑，为景区增添美景。

凉亭常见的有四方亭、六角亭、圆形亭，一般用竹木或石砖建造。雕刻的凉亭用在展台中能起到增添意境的效果，也是用于热菜和凉菜造型点缀的常见品种。雕刻时要注意其形态，特别突出其亭顶和亭身古雅特色。

图 4-2-1

二、任务分析

（一）结构部位分析

凉亭实物与雕刻作品的结构部位对比如图 4-2-2 所示。

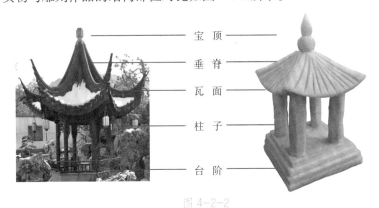

宝 顶
垂 脊
瓦 面
柱 子
台 阶

图 4-2-2

（二）工艺分析

工艺分析具体如图 4-2-3 所示。

宝顶，葫芦形，用主刀、V形拉刻刀完成

垂脊，用主刀、小号拉刻刀完成

圆柱形柱子，用主刀完成

台阶，用主刀完成

图 4-2-3

三、任务实施

（一）实训准备

1. 主要原材料：南瓜 1 块。
2. 用具：雕刻主刀、V 形拉刻刀、小号拉刻刀、桑刀、砧板、毛巾、小方盘。

（二）操作步骤

1. 取一块南瓜，用主刀切成正方体（如图 4-2-4 所示）。
2. 用主刀斜切去正方体的 4 个角（如图 4-2-5 所示）。
3. 用拉刻刀定出亭顶 4 条棱角的位置（如图 4-2-6 所示）。
4. 用主刀雕刻出亭顶瓦面位置（如图 4-2-7 所示）。
5. 雕刻出亭顶胚体（如图 4-2-8 所示）。
6. 用主刀在亭瓦面底下刻出一条弧线，区分瓦面与亭檐的位置（如图 4-2-9 所示）。
7. 用主刀把亭面与亭底台阶之间部位的一些废料削去。
8. 用主刀雕刻出凉亭的 4 根柱子（如图 4-2-10 所示）。
9. 用小号拉刻刀拉刻好亭顶瓦面的流水线条（如图 4-2-11 所示）。
10. 用主刀雕刻出凉亭底部的台阶（如图 4-2-12 所示）。
11. 另取小块原料雕刻好近葫芦状的亭顶尖，粘上（如图 4-2-13、图 4-2-14 所示）。

图 4-2-4

图 4-2-5

图 4-2-6

图 4-2-7

图 4-2-8

图 4-2-9

图 4-2-10

图 4-2-11

图 4-2-12

图 4-2-13

图 4-2-14

（三）工艺要点

1.雕刻凉亭时，应认真了解其外形特征，要先从整体考虑，规划好大体形态，做好形态定位。

2.雕刻亭顶时，首先要将胚体四等分，以保证亭顶的4个面大小一致。此外，在雕刻瓦面时，下刀的深度要统一，避免出现高低不一的现象。

3.雕刻时，应注意凉亭顶部流水走向的线条分布合理，这样才能使作品逼真。

（四）评价标准

凉亭顶部流水线条走向和分布合理，才能体现景观建筑的外形美。柱子要大小均匀，比例合理。底部可适当雕刻上台阶作衬托，避免底部单调。

四、任务拓展

生活中的凉亭形式多样，请来挑战一下，尝试完成雕刻作品"亭前风光"（如图4-2-15所示）。

图 4-2-15

任务三 宝塔

一、任务引入

宝塔（如图4-3-1所示），并不是中国"原产"，而是起源于印度。汉代，随着佛教从印度传入中国，塔也"进口"到了中国。其原为葬佛舍利之所，固有七宝装饰，故称

"宝塔"，后为塔的美称。

现在我们所见到的中国宝塔，是中印建筑艺术相结合的产物。中国的古塔建筑多种多样，从外形上看，由最早的方形发展出了六角形、八角形、圆形等多种形状。

中国宝塔的层数一般是单数，通常有 5～13 层。宝塔作为具有特定形式和风格的建筑，包含了宗教、文化、美学等诸多元素。因其特定的文化元素，其雕刻作品在宴席、展台中常用来表达特殊的意义，也可以仅作为菜品的点缀，增强空间立体效果。

图 4-3-1

二、任务分析

（一）结构部位分析

宝塔实物与雕刻作品的结构部位对比如图 4-3-2 所示。

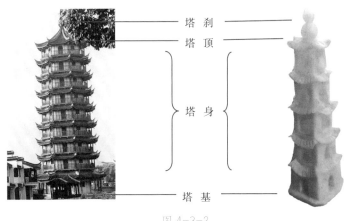

塔 刹
塔 顶
塔 身
塔 基

图 4-3-2

（二）工艺分析

工艺分析具体如图 4-3-3 所示。

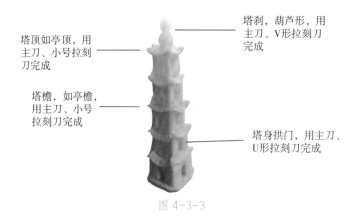

塔顶如亭顶，用主刀、小号拉刻刀完成

塔刹，葫芦形，用主刀、V形拉刻刀完成

塔檐，如亭檐，用主刀、小号拉刻刀完成

塔身拱门，用主刀、U形拉刻刀完成

图 4-3-3

三、任务实施

（一）实训准备

1. 主要原材料：胡萝卜 1 个。

2. 用具：雕刻主刀、U 形拉刻刀、V 形拉刻刀、小号拉刻刀、桑刀、砧板、毛巾、小方盘。

（二）操作步骤

1. 将原料切成正五棱台形的长条，注意要自然收小，底部宽，顶部窄，接着用小号拉刻刀将其五等分，也就定出了宝塔的层数（如图 4-3-4 所示）。

2. 用主刀弧线运刀，雕刻出宝塔顶的垂脊和瓦面大型（如图 4-3-5 所示）。

3. 用主刀分别雕刻出每层塔身、塔檐的大型（如图 4-3-6 所示）。

4. 用小号拉刻刀细化线条，作为每层塔檐的瓦面（如图 4-3-7 所示）。

5. 用主刀和 U 形拉刻刀雕刻出宝塔的拱门（如图 4-3-8 所示）。

6. 用主刀、V 形拉刻刀雕刻出葫芦形的塔刹，并粘在塔顶的正中心位置，完成宝塔的制作（如图 4-3-9 所示）。

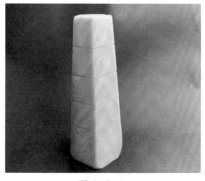

图 4-3-4

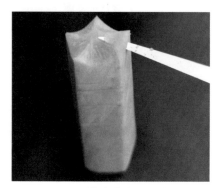

图 4-3-5

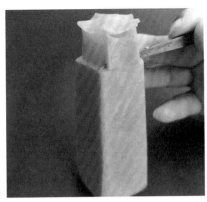
图 4-3-6

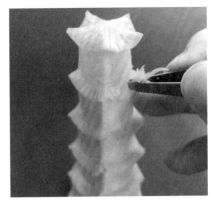
图 4-3-7

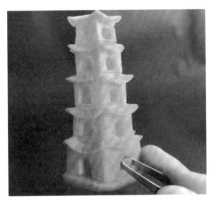
图 4-3-8

图 4-3-9

（三）工艺要点

1. 雕刻宝塔时，应认真了解其外形特征，选择合适的原料。要先定好宝塔的层数，做到每层间距布局合理。

2. 要先雕整体外形，胡萝卜头大尾细，刚好符合宝塔下层宽、顶层窄的特点。注意宝塔每上一层均要比下一层稍小，做到从底部至顶部自然收小，以呈现自然视觉效果。

3. 雕刻时，应注意宝塔各层瓦面的流水走向的线条分布合理，这样才能使作品逼真。

（四）评价标准

宝塔顶部流水线条走向和分布合理，才能体现景观建筑的外形美。宝塔每层的底部与顶部的比例要合理，过渡自然。

四、任务拓展

宝塔多与山水组合，试着雕刻一些假山来衬托，做出的组合作品会更漂亮。尝试完成广州塔的制作。

本项目小结

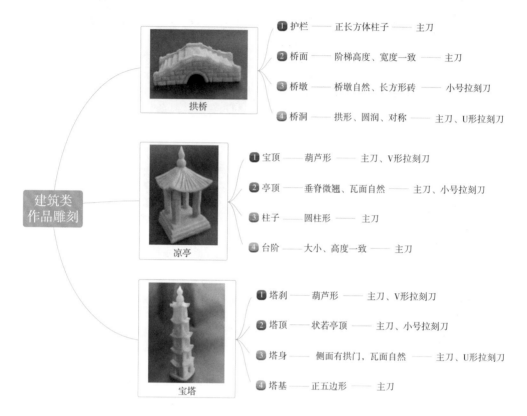

建筑类
作品雕刻

拱桥
- ❶ 护栏 —— 正长方体柱子 —— 主刀
- ❷ 桥面 —— 阶梯高度、宽度一致 —— 主刀
- ❸ 桥墩 —— 桥墩自然、长方形砖 —— 小号拉刻刀
- ❹ 桥洞 —— 拱形、圆润、对称 —— 主刀、U形拉刻刀

凉亭
- ❶ 宝顶 —— 葫芦形 —— 主刀、V形拉刻刀
- ❷ 亭顶 —— 垂脊微翘、瓦面自然 —— 主刀、小号拉刻刀
- ❸ 柱子 —— 圆柱形 —— 主刀
- ❹ 台阶 —— 大小、高度一致 —— 主刀

宝塔
- ❶ 塔刹 —— 葫芦形 —— 主刀、V形拉刻刀
- ❷ 塔顶 —— 状若亭顶 —— 主刀、小号拉刻刀
- ❸ 塔身 —— 侧面有拱门，瓦面自然 —— 主刀、U形拉刻刀
- ❹ 塔基 —— 正五边形 —— 主刀

📄 思考与练习

1. 拱桥阶梯应如何做到均匀对称？

2. 凉亭和宝塔均有五角形、六角形和八角形，如何快捷确定亭顶或塔身的形状？

3. 宝塔的层数有什么规律？

4. 拱桥、凉亭和宝塔在装盘时，如何才能搭配得更合理？

知识链接

1.学习技巧

通过简笔画与雕刻作品的有机结合，构建实物与作品的联系，如学习拱桥、凉亭简笔画（如图4-4-1、图4-4-2所示）。同时，多观赏剪纸、木雕、石雕等作品，以拓宽视野。

图 4-4-1

图 4-4-2

2. 网站链接

搜索本项目对应作品的相关百科知识和视频等，以增加学习的多元性和延展性。

3. 世界奇特建筑

中国的故宫、长城、兵马俑、悬空寺、布达拉宫、福建土楼，埃及金字塔，古罗马竞技场，法国埃菲尔铁塔等世界著名建筑不胜枚举。此外，还有很多奇葩的建筑，形成了一道独特的风景，也为食品雕刻的创作提供了良好的借鉴，例如捷克布拉格的舞蹈大厦、阿联酋迪拜布吉大楼和风中烛火大厦、中国台湾的三芝飞碟屋、乌克兰的悬浮城堡、荷兰鹿特丹的立方体房屋、波兰的扭曲的房子、奥地利维也纳的攻击式众议院……这些建筑是设计师们无穷智慧和创意的写照，也是世界建筑的奇迹。

项目五
水族类作品雕刻

学习目标

水族类雕刻作品在盘式、展台等应用场景下比较常用，而且比较令人喜欢，较易被人们接受。通过本项目的学习，了解常见水族类的形态特征，掌握水族类雕刻流程及工艺要点，懂得运用不同的刀具及技法，实现不同的形态效果，并为展台的制作打下基础。

教学目的

教师通过引导学生思考水族类动物的特征、种类、生活习性、象征意义、应用场景等，以常见的神仙鱼等的雕刻工艺为案例展开教学，从其结构部位分析、雕刻工艺分析、雕刻具体操作步骤及工艺要点，引导学生以任务的形式实现作品的创作。在创作作品评价中，本项目给出了相关的评价标准。学有余力的同学可以参照拓展任务设计自己的创意作品。

主要内容

神仙鱼、海豚、鲤鱼、金鱼、虾雕刻作品的制作。

任务一　神仙鱼

一、任务引入

神仙鱼（如图 5-1-1 所示），又名燕鱼、天使鱼、小神仙鱼、小鳍帆鱼等，丽鱼科天使鱼属，原产于南美洲的圭亚那、巴西。神仙鱼长 12～15cm，高可达 15～20cm，平均寿命为 5 年。头小而尖，体侧扁，呈菱形。背鳍和臀鳍很大，挺拔如三角帆，故有"小鳍帆鱼"之称。从侧面看神仙鱼游动，如同燕子翱翔，故在中国北方地区又称之为"燕鱼"。

神仙鱼，由其名不难想象，寓意"快乐似神仙"，代表一种生活的姿态。其还有招财进宝、事业一帆风顺等寓意，因此其雕刻作品用在盘饰上也为食客所青睐。

图 5-1-1

二、任务分析

（一）结构部位分析

神仙鱼实物与雕刻作品的结构部位对比如图 5-1-2 所示。

　　背　鳍　　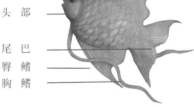
头　部
尾　巴
臀　鳍
胸　鳍

图 5-1-2

（二）工艺分析

工艺分析具体如图 5-1-3 所示。

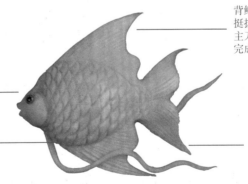

背鳍和臀鳍很大，挺拔如三角帆，用主刀、V形拉刻刀完成

头小而尖，体侧扁，用主刀完成；腮、嘴用大号拉刻刀完成

鱼体侧扁呈菱形，鳞片如半个小括号"）"，用主刀或V形拉刻刀完成

尾端如半个大括号"∤"，胸鳍细长，用主刀或V形拉刻刀完成

图 5-1-3

三、任务实施

（一）实训准备

1. 主要原材料：牛腿南瓜 1 块。
2. 用具：雕刻主刀、V 形拉刻刀、大号拉刻刀、O 形拉刻刀、桑刀、砧板、毛巾、小方盘。

（二）操作步骤

1. 切胚、画大型：取一块南瓜，将一边改刀成等腰的角，用 2B 铅笔画出神仙鱼的大体形状，即做好头部、背鳍、臀鳍、尾巴的形状定位（如图 5-1-4 所示）。
2. 沿画好的神仙鱼运刀，去除废料，把鱼头部、背鳍、臀鳍的大型顶出来（如图 5-1-5 所示）。
3. 用主刀 45° 角下刀，开出背鳍、臀鳍（如图 5-1-6 所示）。
4. 用大号拉刻刀把鱼身刻出来（如图 5-1-7 所示）。
5. 用主刀在背鳍、臀鳍前后下刀直切，使其变薄（如图 5-1-8 所示）。
6. 用主刀将鱼尾的上下削薄（如图 5-1-9 所示）。
7. 用 O 形拉刻刀定出鱼的头部，并用主刀、大号拉刻刀雕出鱼嘴（如图 5-1-10 所示）。
8. 用 V 形拉刻刀开出鱼鳃（如图 5-1-11 所示）。
9. 用 V 形拉刻刀拉刻背鳍、臀鳍的鱼骨，并拉刻出鱼的鳞片，如半个小括号（如图 5-1-12 所示）。
10. 用主刀雕出鱼尾大型，如半个大括号（如图 5-1-13 所示）。
11. 用 V 形拉刻刀拉刻出尾骨（如图 5-1-14 所示）。
12. 用主刀雕出胸鳍（如图 5-1-15、图 5-1-16 所示）。
13. 组装成型：把胸鳍用 502 胶水粘好，装上仿真眼即可（如图 5-1-17 所示）。

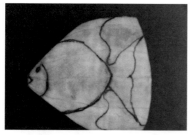

图 5-1-4

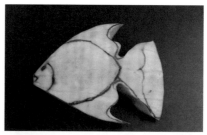

图 5-1-5

图 5-1-6

图 5-1-7

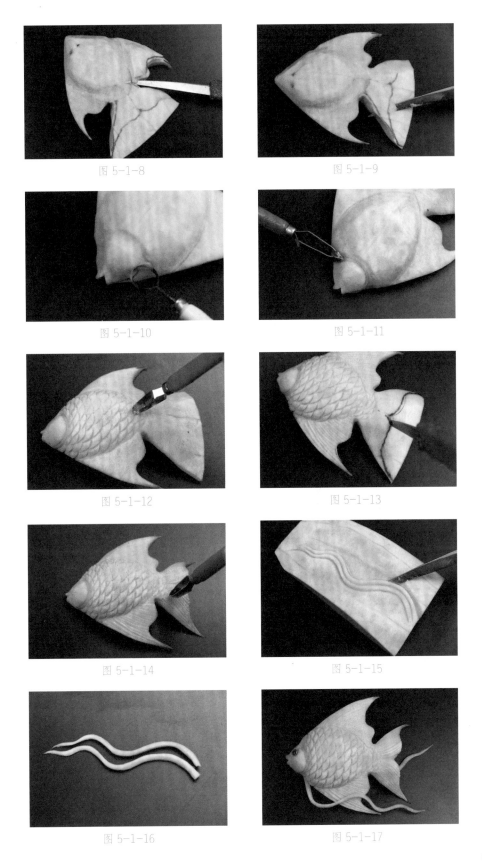

图 5-1-8

图 5-1-9

图 5-1-10

图 5-1-11

图 5-1-12

图 5-1-13

图 5-1-14

图 5-1-15

图 5-1-16

图 5-1-17

（三）工艺要点

1.雕刻神仙鱼时，应认真了解其外形特征，最好能先画后雕，做好形态定位。

2.注意运用几何法，增加对神仙鱼头部形态的把握。

3.要处理好鱼身、背鳍和臀鳍的对比度，这样有利于增加神仙鱼的立体感。

4.雕刻时，应注意神仙鱼尾巴、胸鳍的动态曲线，通过曲线来增加其生动度。运用几何法，把握好鱼身、背鳍、胸鳍、尾巴的形态，这样才能使作品栩栩如生。

（四）评价标准

神仙鱼头小而尖，体侧扁；背鳍和臀鳍很大，挺拔如三角帆，鱼骨明显清晰；尾端如半个大括号；胸鳍细长飘逸，栩栩如生。

四、任务拓展

根据所学的实训内容，独立完成作品"逐浪"的制作（如图 5-1-18 所示）。

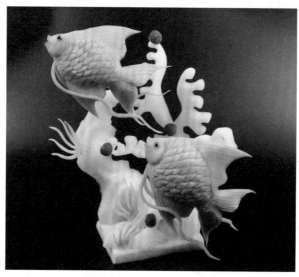

图 5-1-18

任务二　海豚

一、任务引入

海豚（如图 5-2-1 所示）是一种高智商的水族类动物。在部位特征上，大多数的海豚头部特征显著，喙前额头隆起，又称"额隆"，此类构造有助于聚集回声定位。其身体圆滑、弧线流畅；背鳍、胸鳍略微弯曲，如三角帆；尾部如扇形，有控制方向、保持平衡等作用。在雕刻时，要加强对其部位特征的观察和了解。

海豚象征着爱情、智慧、美好，可根据其象征意义进行运用。

图 5-2-1

二、任务分析

（一）结构部位分析

海豚图画与雕刻作品的结构部位对比如图 5-2-2 所示。

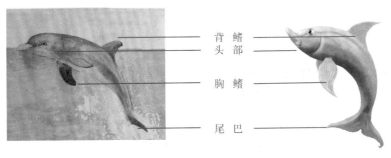

背 鳍
头 部
胸 鳍
尾 巴

图 5-2-2

（二）工艺分析

工艺分析具体如图 5-2-3 所示。

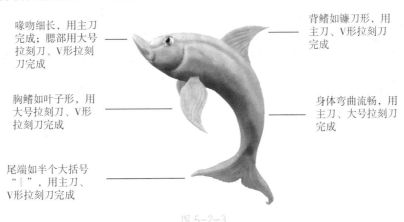

喙吻细长，用主刀
完成；腮部用大号
拉刻刀、V形拉刻
刀完成

背鳍如镰刀形，用
主刀、V形拉刻刀
完成

胸鳍如叶子形，用
大号拉刻刀、V形
拉刻刀完成

身体弯曲流畅，用
主刀、大号拉刻刀
完成

尾端如半个大括号
"｝"，用主刀、
V形拉刻刀完成

图 5-2-3

三、任务实施

（一）实训准备

1. 主要原材料：牛腿南瓜 1 块。

2. 用具：雕刻主刀、大号拉刻刀、桑刀、砧板、毛巾、小方盘。

（二）操作步骤

1. 切胚、画大型：取一块南瓜，改刀成长方体，用 2B 铅笔画出海豚的大体形状，做好形状定位（如图 5-2-4 所示）。

2. 沿画好的海豚运刀，雕刻头、身，去除废料（如图 5-2-5 所示）。

3. 用主刀雕刻好喙吻、眼睛，接着用大号拉刻刀拉刻鱼鳃、背部（如图 5-2-6 所示）。

4. 将海豚身体修整圆润（如图 5-2-7 所示）。

5. 另取一片南瓜，与海豚尾部黏合，用 2B 铅笔画出尾巴的形状，接着雕出尾巴（如图 5-2-8、图 5-2-9 所示）。

6. 在南瓜上雕刻出背鳍（如图 5-2-10 所示）。

7. 雕刻出腹鳍（如图 5-2-11 所示）。

8. 组装成型（如图 5-2-12 所示）。

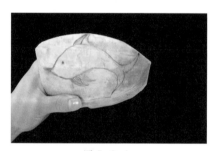

图 5-2-4

图 5-2-5

图 5-2-6

图 5-2-7

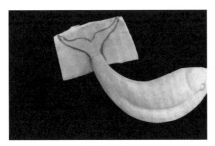
图 5-2-8

图 5-2-9

图 5-2-10

图 5-2-11

图 5-2-12

（三）工艺要点

1. 雕刻海豚时，应认真了解其外形特征，最好能先画后雕，做好形态定位。

2. 雕刻时，应注意对海豚动态曲线和几何法的运用，掌握好身体、背鳍、胸鳍、尾巴的形态，这样才能使作品栩栩如生。

3. 灵活运用各种刀具，以呈现更好的效果。

（四）评价标准

海豚喙吻细长，背部弯曲流畅，背鳍如镰刀，胸鳍如叶子，尾部飘逸，尾端如半个大括号，形态生动。

四、任务拓展

根据所学的实训内容，独立完成作品"不离不弃"的制作（如图 5-2-13 所示）。

图 5-2-13

任务三　鲤鱼

一、任务引入

鲤鱼（如图 5-3-1 所示），部位特征为身体侧扁而腹部圆，口呈圆弧形，须有 2 对，背鳍较长，背鳍和臀鳍均有一根粗壮带锯齿的硬棘。鲤鱼在雕刻主题中使用较多，其常与浪花、礁石、荷叶、船、龙门等搭配，也可与湖、池、山等组合，用途广，组合范围大。

图 5-3-1

有关鲤鱼的主题常见的有"鲤跃龙门""连年有余""吉庆有余""娃娃抱鱼""富贵有余"等。鲤鱼有吉祥、美好、上进等象征意义，表达了人们对美好生活的向往。雕刻时，可以根据主题进行灵活搭配和运用。

二、任务分析

（一）结构部位分析

鲤鱼实物与雕刻作品的结构部位对比如图 5-3-2 所示。

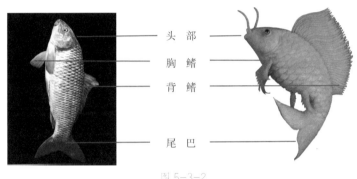

头 部

胸 鳍

背 鳍

尾 巴

图 5-3-2

（二）工艺分析

工艺分析具体如图 5-3-3 所示。

头略小、有须，用主刀完成；口呈圆弧形，腮、嘴用V形拉刻刀完成

背鳍基部较长，逐渐变短，用主刀、V形拉刻刀完成

胸鳍如S形，用主刀、V形拉刻刀完成

鱼体侧扁而腹部圆，鳞片如半个小括号"）"，用主刀、V形拉刻刀完成

尾端如半个大括号"｝"，用主刀、V形拉刻刀完成

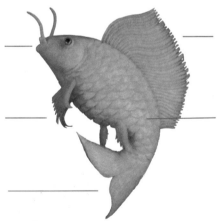

图 5-3-3

三、任务实施

（一）实训准备

1. 主要原材料：牛腿南瓜 1 块。

2. 用具：雕刻主刀、V 形拉刻刀、大号拉刻刀、中号拉刻刀、双线拉刻刀、桑刀、砧板、毛巾、小方盘。

（二）操作步骤

1. 切胚、画大型：取一块南瓜，切成长方形，并用 2B 铅笔画出鲤鱼的大体形状，做好定位（如图 5-3-4 所示）。

2. 沿画好的鲤鱼大型运刀，去除废料，将其修圆润，并用 V 形拉刻刀上下削薄（如图 5-3-5、图 5-3-6 所示）。

3. 用 2B 铅笔画出头部位置，用主刀雕刻出鱼嘴，接着沿鱼嘴的边缘用中号拉刻刀拉一圈，使其轮廓更清晰（如图 5-3-7 所示）。

4. 用大号拉刻刀拉刻出鱼头部，用中号拉刻刀把粘背鳍的位置拉刻出来（如图 5-3-8 所示）。

5. 用 V 形拉刻刀拉刻出鱼鳃和鱼鳞（如图 5-3-9 所示）。

6. 用主刀将鱼尾的形状雕刻出来，形状如半个大括号（如图 5-3-10 所示）。

7. 用 V 形拉刻刀雕出鱼尾骨（如图 5-3-11 所示）。

8. 用主刀和 V 形拉刻刀拉刻出胸鳍（如图 5-3-12 所示）。

9. 用主刀、双线拉刻刀雕出背鳍，并用雕好的鱼体压住背鳍，定出背鳍的弧度，用主刀直刀取出（如图 5-3-13、图 5-3-14 所示）。

10. 组装成型：把背鳍、胸鳍、鱼须等用 502 胶水粘好，装上仿真眼即可（如图 5-3-15 所示）。

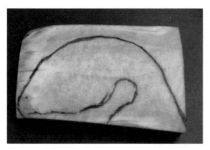

图 5-3-4

图 5-3-5

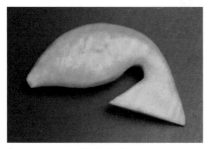

图 5-3-6

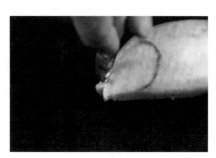

图 5-3-7

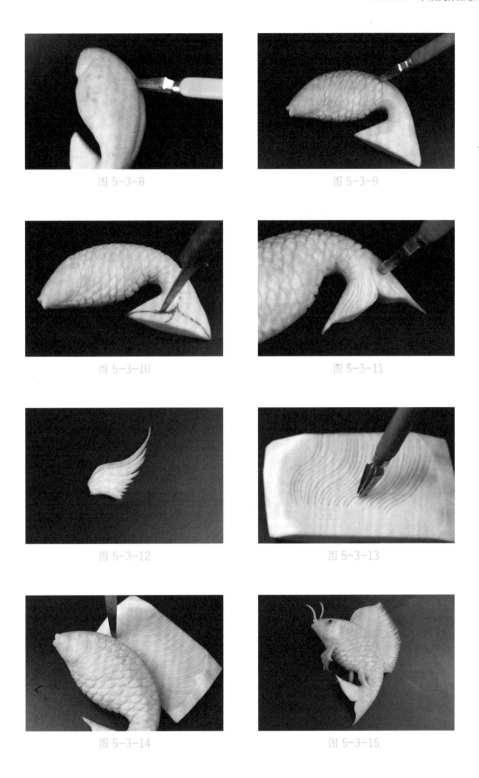

图 5-3-8

图 5-3-9

图 5-3-10

图 5-3-11

图 5-3-12

图 5-3-13

图 5-3-14

图 5-3-15

（三）工艺要点

1.雕刻鲤鱼时，应认真了解其外形特征，最好能先画后雕，做好形态定位。

2.注意鲤鱼身体的弧度，以及背鳍、胸鳍、尾巴的弧度处理，这样才能增加鲤鱼的生动度。

3. 在雕刻背鳍、胸鳍、尾部的鱼骨线条时，要注意细腻化，提升精致度。

（四）评价标准

雕好的鲤鱼，眼凸，肚子略鼓，整个鱼体弧线流畅自然，尾部飘逸，生动而有神。

四、任务拓展

根据所学的实训内容，独立完成作品"踏浪追梦"的制作（如图 5-3-16 所示）。

图 5-3-16

任务四　金鱼

一、任务引入

金鱼（如图 5-4-1 所示），起源于中国，近似鲤鱼但口无须，是由鲫鱼进化而来的观赏鱼类，也称"金鲫鱼"。金鱼的品种很多，颜色有红、橙、紫、蓝、墨、银白、五花等，分为文种、草种、龙种、蛋种 4 类。我国各地饲养者把头形分为虎头、狮头、鹅头、高头、帽子和蛤蟆头。眼睛可分为正常眼、龙眼、朝天眼和水泡眼。背鳍有或无，臀鳍单鳍或双鳍，尾鳍亦有单尾和双尾两种。双尾鳍中有的分为 3 叶，有的分为 4 叶，均形大而披散。

根据金鱼名字中的"金"字，就可知其在人们心中的地位。"金"代表着财富，"鱼"则与"玉""余"谐音，因此其有"金玉满堂""年年有余"之意，此外还有"吉祥"的寓意。

图 5-4-1

二、任务分析

（一）结构部位分析

本实训任务所学的金鱼，头部圆滑，眼凸，身短，肚圆，尾巴飘逸。金鱼实物与雕刻作品的结构部位对比如图 5-4-2 所示。

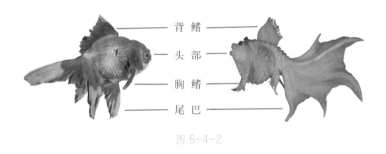

背　鳍
头　部
胸　鳍
尾　巴

图 5-4-2

（二）工艺分析

工艺分析具体如图 5-4-3 所示。

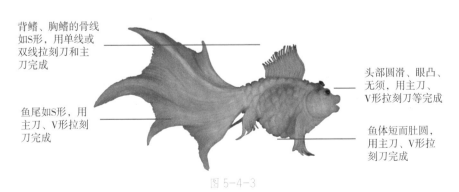

背鳍、胸鳍的骨线如S形，用单线或双线拉刻刀和主刀完成

头部圆滑、眼凸、无须，用主刀、V形拉刻刀等完成

鱼尾如S形，用主刀、V形拉刻刀完成

鱼体短而肚圆，用主刀、V形拉刻刀完成

图 5-4-3

三、任务实施

（一）实训准备

1. 主要原材料：牛腿南瓜 1 块。
2. 用具：雕刻主刀、V 形拉刻刀、大号拉刻刀、中号拉刻刀、O 形拉刻刀、双线拉刻刀、桑刀、砧板、毛巾、小方盘。

（二）操作步骤

1. 切胚、画大型：取一块南瓜，用 2B 铅笔画出金鱼的大体形状，做好头部、鱼肚等的定位（如图 5-4-4 所示）。
2. 沿画好的金鱼大型运刀，斜刀去除废料，并将其修圆润（如图 5-4-5、图 5-4-6 所示）。
3. 用主刀、大号拉刻刀雕刻出鱼的头部和鱼嘴，接着用 O 形拉刻刀拉出鱼肚的位置，让其更凸显，并修整圆润（如图 5-4-7 所示）。
4. 用 V 形拉刻刀拉刻出鱼鳃、鱼鳞（如图 5-4-8～图 5-4-10 所示）。
5. 取一块南瓜，用 V 形拉刻刀拉刻出 5 条 S 形线条，定好鱼尾的长度和方向（如图 5-4-11 所示）。
6. 用 O 形拉刻刀根据鱼尾的弧度取出废料，打磨光滑后，用 V 形拉刻刀拉刻出尾骨（如图 5-4-12～图 5-4-14 所示）。
7. 将鱼身和鱼尾粘在一起，用中号拉刻刀在鱼背上拉刻出粘接背鳍的凹槽（如图 5-4-15 所示）。
8. 取一小块南瓜，用双线拉刻刀拉刻出背鳍，并用主刀斜刀取出（如图 5-4-16、图 5-4-17 所示）。
9. 用 V 形拉刻刀拉刻出胸鳍，接着用主刀斜刀取出（如图 5-4-18、图 5-4-19 所示）。
10. 组装成型：把背鳍、胸鳍、半球形鱼眼等用 502 胶水粘好，装上仿真眼即可（如图 5-4-20 所示）。

图 5-4-4

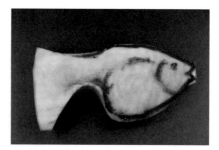

图 5-4-5

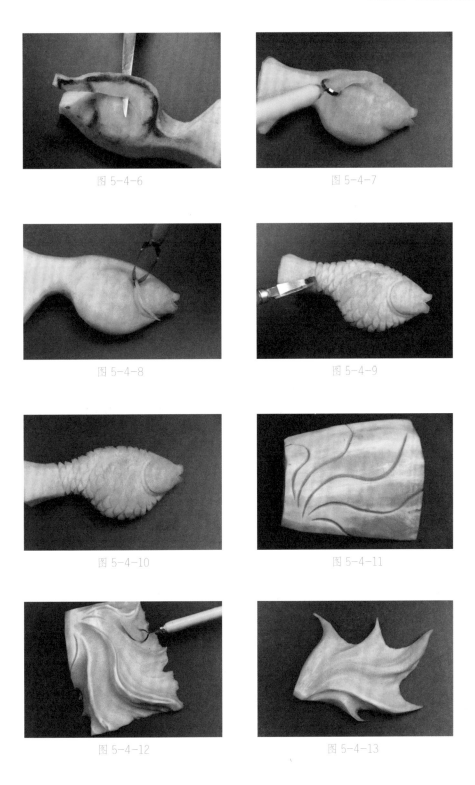

图 5-4-6

图 5-4-7

图 5-4-8

图 5-4-9

图 5-4-10

图 5-4-11

图 5-4-12

图 5-4-13

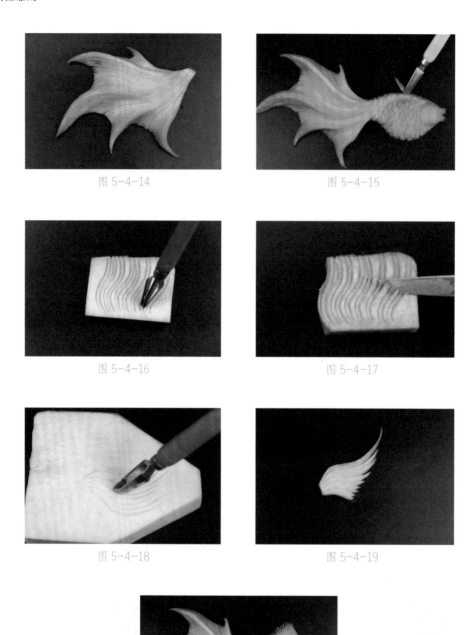

图 5-4-14

图 5-4-15

图 5-4-16

图 5-4-17

图 5-4-18

图 5-4-19

图 5-4-20

（三）工艺要点

1. 雕刻金鱼时，应认真了解其外形特征，最好能先画后雕，做好形态定位。
2. 雕刻时，应保证金鱼身短肚圆的特点，背鳍、胸鳍、尾巴的弧度呈 S 形，这样才能增加金鱼的动感，使其栩栩如生。

3. 在雕刻金鱼的过程中，鱼的鳞片应大小适宜，下刀深度应适当，避免下刀过深或过浅，影响成品效果。

（四）评价标准

雕好的金鱼，眼凸，身短肚圆，无须，纹路清晰，整个鱼体弧线流畅自然，尾部飘逸，栩栩如生。

四、任务拓展

根据所学的实训内容，独立完成作品"鱼戏"的制作（如图 5-4-21 所示）。

图 5-4-21

任务五　虾

一、任务引入

虾（如图 5-5-1 所示），是一种生活在水中的长身动物，属节肢动物甲壳类。其种类很多，包括青虾、河虾、草虾、小龙虾、对虾、明虾、基围虾、琵琶虾、龙虾等。虾体长而扁，外骨骼有石灰质，分头胸和腹两部分，共 7 节。头胸甲前端有一尖长呈锯齿状的额剑及 1 对能转动带有柄的复眼。虾以鳃呼吸，鳃位于头胸部两侧，为甲壳所覆盖。虾的口在头胸部的底部。

图 5-5-1

二、任务分析

（一）结构部位分析

虾实物与雕刻作品的结构部位对比如图 5-5-2 所示。

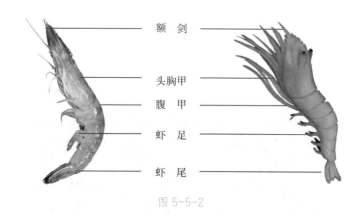

额　剑

头胸甲

腹　甲

虾　足

虾　尾

图 5-5-2

（二）工艺分析

工艺分析具体如图 5-5-3 所示。

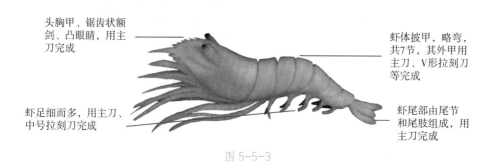

头胸甲、锯齿状额
剑、凸眼睛，用主
刀完成

虾体披甲，略弯，
共7节，其外甲用
主刀、V形拉刻刀
等完成

虾足细而多，用主刀、
中号拉刻刀完成

虾尾部由尾节
和尾肢组成，用
主刀完成

图 5-5-3

三、任务实施

（一）实训准备

1. 主要原材料：牛腿南瓜 1 块。
2. 用具：雕刻主刀、V 形拉刻刀、中号拉刻刀、桑刀、砧板、毛巾、小方盘。

（二）操作步骤

1. 切胚、画大型：取一块南瓜，用 2B 铅笔画出虾的大体形状，做好头胸、腹和尾部的定位（如图 5-5-4 所示）。
2. 沿画好的虾大型运刀，斜刀去除废料（如图 5-5-5 所示）。

3. 用主刀雕出头部左右两边的大型，使头部变窄；开出虾眼（如图 5-5-6～图 5-5-8 所示）。

4. 接着开出头部的额剑，额剑在头部的中间，而且形状为锯齿状（如图 5-5-9、图 5-5-10 所示）。

5. 用 V 形拉刻刀拉刻出虾头胸甲和虾腹的节，定出整个虾壳（如图 5-5-11 所示）。

6. 用主刀刻出虾尾部，虾尾部类似扇形（如图 5-5-12 所示）。

7. 从尾端下刀，去除废料，定好虾足的长度（如图 5-5-13 所示）。

8. 沿着头胸甲和虾腹去除废料，使其凸出来（如图 5-5-14 所示）。

9. 用中号拉刻刀掏空废料，为雕刻虾足做准备（如图 5-5-15 所示）。

10. 用主刀雕刻虾足即可（如图 5-5-16、图 5-5-17 所示）。

图 5-5-4

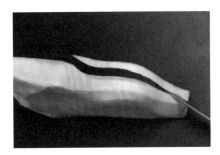

图 5-5-5

图 5-5-6

图 5-5-7

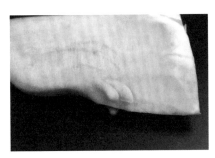

图 5-5-8

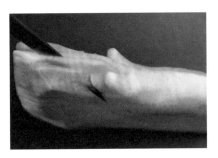

图 5-5-9

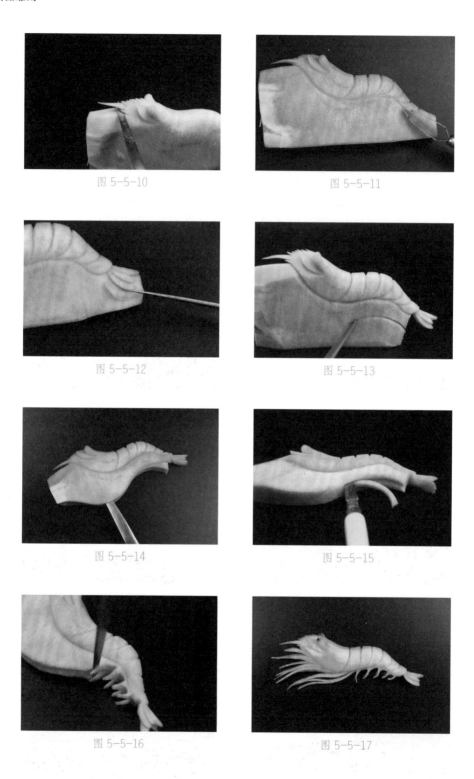

图 5-5-10

图 5-5-11

图 5-5-12

图 5-5-13

图 5-5-14

图 5-5-15

图 5-5-16

图 5-5-17

（三）工艺要点

1. 用主刀开出虾身体和尾部的曲线，尾部的曲线要做得弯曲些，从而使虾更具动感。

2. 用 V 形拉刻刀刻出虾头和虾身的节，定出整个虾壳，在刻的时候要把握下刀的深浅，如果太深，就会让人觉得虾节之间脱节。

3. 用中号拉刻刀去除虾足胚体中间的废料，然后用主刀雕出虾足，注意运刀时手要稳，以保证虾足细、均匀、对称且不断。

（四）评价标准

雕好的虾，头胸部、腹部和尾部比例合理，虾壳上纹路分明，虾足细、对称且不断、自然，形态生动。

四、任务拓展

根据所学的实训内容，独立完成作品"虾说"的制作（如图 5-5-18 所示）。

图 5-5-18

本项目小结

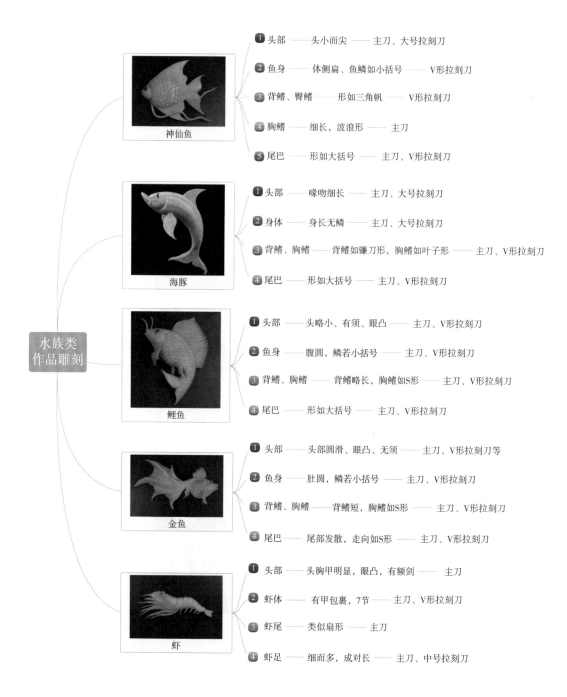

水族类作品雕刻

神仙鱼
- ❶ 头部 —— 头小而尖 —— 主刀、大号拉刻刀
- ❷ 鱼身 —— 体侧扁、鱼鳞如小括号 —— V形拉刻刀
- ❸ 背鳍、臀鳍 —— 形如三角帆 —— V形拉刻刀
- ❹ 胸鳍 —— 细长，波浪形 —— 主刀
- ❺ 尾巴 —— 形如大括号 —— 主刀、V形拉刻刀

海豚
- ❶ 头部 —— 喙吻细长 —— 主刀、大号拉刻刀
- ❷ 身体 —— 身长无鳞 —— 主刀、大号拉刻刀
- ❸ 背鳍、胸鳍 —— 背鳍如镰刀形，胸鳍如叶子形 —— 主刀、V形拉刻刀
- ❹ 尾巴 —— 形如大括号 —— 主刀、V形拉刻刀

鲤鱼
- ❶ 头部 —— 头略小、有须、眼凸 —— 主刀、V形拉刻刀
- ❷ 鱼身 —— 腹圆，鳞若小括号 —— 主刀、V形拉刻刀
- ❸ 背鳍、胸鳍 —— 背鳍略长，胸鳍如S形 —— 主刀、V形拉刻刀
- ❹ 尾巴 —— 形如大括号 —— 主刀、V形拉刻刀

金鱼
- ❶ 头部 —— 头部圆滑、眼凸、无须 —— 主刀、V形拉刻刀等
- ❷ 鱼身 —— 肚圆，鳞若小括号 —— 主刀、V形拉刻刀
- ❸ 背鳍、胸鳍 —— 背鳍短，胸鳍如S形 —— 主刀、V形拉刻刀
- ❹ 尾巴 —— 尾部发散，走向如S形 —— 主刀、V形拉刻刀

虾
- ❶ 头部 —— 头胸甲明显，眼凸，有额剑 —— 主刀
- ❷ 虾体 —— 有甲包裹，7节 —— 主刀、V形拉刻刀
- ❸ 虾尾 —— 类似扇形 —— 主刀
- ❹ 虾足 —— 细而多，成对长 —— 主刀、中号拉刻刀

思考与练习

1. 所学各种鱼类分别有哪些外形特征？
2. 如何确定水族类的大型？
3. 雕刻鳞片有哪些技巧？
4. 雕刻鱼尾巴有哪些要注意的地方？
5. 比较所学水族类雕刻方法的异同。
6. 总结水族类的雕刻技法。

知识链接

1. 学习技巧

通过简笔画与雕刻作品的有机结合，构建实物与作品的联系，如学习神仙鱼、鲤鱼、虾、金鱼简笔画（如图 5-6-1～图 5-6-4 所示）。同时，多观赏剪纸、木雕、石雕等作品，以拓宽视野。

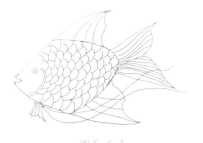

图 5-6-1

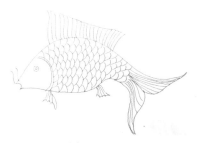

图 5-6-2

图 5-6-3

图 5-6-4

2. 网站链接

搜索本项目对应作品的相关百科知识和视频等，以增加学习的多元性和延展性。

3. 食品雕刻的构图方法

（1）几何法

在雕刻中，首先对雕刻对象的外形特征进行分析，将其分解成几何体，如球形、三角形、梯形、长方形等。例如，铜钱由圆形和正方形组成（如图 5-6-5 所示），神仙鱼由两个三角形组成（如图 5-6-6 所示）。在雕刻动物时，先将动物各部分分成几何体，这些几何体在任何姿态下都不会改变形态。然后通过一些软组织将这些几何体连接在一起，从而形成动物的各种动作，如回头、抬头、奔跑、跳跃、飞翔等。

图 5-6-5

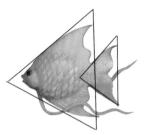

图 5-6-6

（2）比例法

在雕刻过程中，可根据雕刻对象各部位的长短、大小等因素，将它们用比例的形式确定下来，以保证雕刻对象的准确。如雕刻月季花时，应先在花托上画一个正五边形，以保证第一层的每片花瓣大小一致（如图 5-6-7 所示）；海豚的背鳍、胸鳍、尾巴的长度比，一般控制在 2：2：3（如图 5-6-8 所示）。

图 5-6-7

图 5-6-8

（3）动势曲线

动势曲线指最能表现动物姿态特点的那一条曲线，其可以是弧形、半圆形、S 形等形状。动势曲线决定了动物的姿态，也是雕刻作品栩栩如生的重要因素，因此在学习雕刻过程中，应尽量掌握。如雕刻作品鲤鱼（如图 5-6-9 所示）和虾（如图 5-6-10 所示）。

图 5-6-9

图 5-6-10

项目六
禽鸟类作品雕刻

学习目标

禽鸟类作品在食品雕刻中占有重要的地位，无论是在展台还是在盘式的应用场景下都深受欢迎，是食品雕刻中最常用和最爱用的一类雕刻题材，因此作为食品雕刻师，务必掌握禽鸟类作品的雕刻。通过本项目的学习，准确把握常见禽鸟类的身体结构特点及尺寸比例，灵活运用各种雕刻技法雕刻出形态逼真的禽鸟类作品。

教学目的

教师通过引导学生思考禽鸟类动物的特征、种类、生活习性、应用场景等，以常见的小鸟、天鹅、仙鹤等的雕刻工艺为案例展开教学，从其结构部位分析、雕刻工艺分析、雕刻具体操作步骤及工艺要点，引导学生以任务的形式实现作品的创作。在创作作品评价中，本项目给出了相关的评价标准。学有余力的同学可以参照拓展任务设计自己的创意作品。

主要内容

小鸟、天鹅、仙鹤、孔雀雕刻作品的制作。

任务一　小鸟

一、任务引入

鸟的种类很多，其外部形态各不相同。不同鸟类的区别主要是在外形上，最大的差别是毛色，以及头、颈和尾这几个部位，而其他的部位差异很小，如翅膀、身体和羽毛结构等很接近。雕刻时因所用的原料限制而难以在羽毛颜色方面对小鸟进行区别，因此把形态接近的小型鸟类通称小鸟（如图 6-1-1 所示）。在雕刻时应把握好小鸟的共有特点和规律，将小鸟的结构部位、基本结构形态雕刻好，学好几个典型常用的小鸟作品的雕刻，然后举一反三，自行设计其他鸟类作品。

食品雕刻中的鸟类绝大多数是自然界真实存在的，但食品雕刻是一个艺术创造的过程，不是对原有物体的简单复制，因此，雕刻的过程中可运用一些艺术加工手法，如夸张、省略、概括、突出等，要学会抓住事物特征，通过删繁就简美化艺术创作。

图 6-1-1

二、任务分析

（一）结构部位分析

小鸟雕刻作品的结构部位如图 6-1-2 所示。

翅 膀 ———— 飞 羽

小覆羽 ———— 中覆羽

额 头 ———— 尾 巴

嘴、眼 ———— 次级飞羽

颈 部

胸 部 ———— 后 腹

———— 大 腿

脚 爪 ———— 小 腿

图 6-1-2

（二）工艺分析

工艺分析具体如图 6-1-3 所示。

翅膀近似S形，飞羽上翘，用主刀、中号拉刻刀完成

中覆羽上翘，用中号拉刻刀完成

嘴尖，额圆，眼圆，用主刀、中号拉刻刀完成

小覆羽如鱼鳞，用V形拉刻刀完成

尾羽从中心往外雕，用主刀完成

颈小，胸丰满，圆润光滑，用主刀完成

鸟爪脚趾前3后1，用主刀完成

大小腿分明，用主刀完成

图 6-1-3

三、任务实施

（一）实训准备

1. 主要原材料：南瓜 1 段。
2. 用具：雕刻主刀、V 形拉刻刀、中号拉刻刀、桑刀、砧板、毛巾、小方盘。

（二）操作步骤

1. 取一块原料，在上面画出小鸟的形状（如图 6-1-4 所示）。

2. 按照笔画走向运刀，雕刻出小鸟大型，注意嘴甲、额头、背部分明，弧形线条流畅（如图 6-1-5 所示）。

3. 雕刻出鸟嘴，沿笔画走向运刀，雕刻出小鸟的下嘴甲、颈部和胸部，注意弧形线条流畅，胸部要稍凸起（如图 6-1-6 所示）。

4. 用中号拉刻刀细化修改小鸟嘴部，让嘴甲突出（如图 6-1-7 所示）。

5. 用 V 形拉刻刀拉刻出鸟尾巴上的小覆羽（如图 6-1-8 所示）。

6. 用主刀切出背部和尾巴的分界线，削出雕刻尾巴部位的位置（如图 6-1-9 所示）。

7. 用主刀雕刻出小鸟的尾巴（如图 6-1-10 所示）。

8. 雕刻出小鸟的大小腿和鸟爪部位（如图 6-1-11 所示）。

9. 用主刀把雕好的小鸟身体切出来（如图 6-1-12 所示）。

10. 把小鸟身体稍做修改细化（如图 6-1-13 所示）。

11. 另取一块原料雕翅膀，先刻出翅膀的大型线条（如图 6-1-14 所示）。

12. 用拉刻刀拉刻出鱼鳞状的小覆羽，接着去一层废料（如图 6-1-15 所示）。

13. 用中号拉刻刀拉刻出中覆羽，并在其底下去除一层废料（如图 6-1-16 所示）。

14. 用中号拉刻刀拉刻出飞羽，并用主刀将翅膀取出，注意其呈现的是翅膀内侧，翅膀稍微内弯（如图 6-1-17 所示）。

15. 用同样的刀法雕出另外一个翅膀，其呈现的是翅膀的外侧，翅膀稍微外拱（如图 6-1-18 所示）。

16. 将翅膀与身子粘接上即可（如图 6-1-19 所示）。

图 6-1-4

图 6-1-5

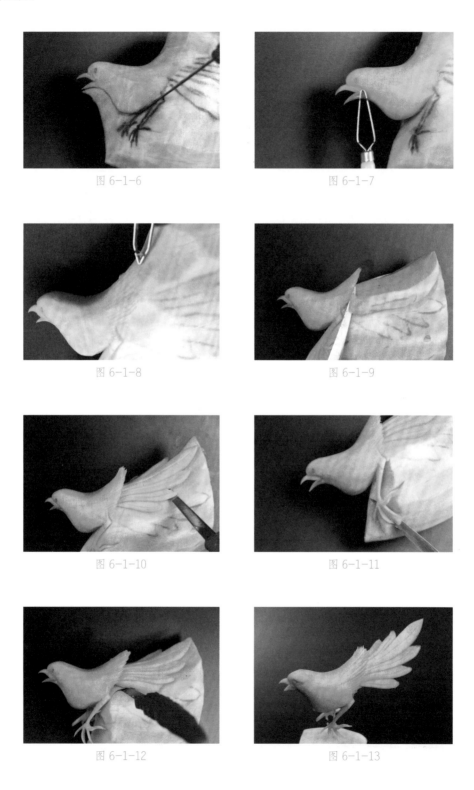

图 6-1-6

图 6-1-7

图 6-1-8

图 6-1-9

图 6-1-10

图 6-1-11

图 6-1-12

图 6-1-13

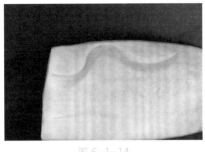

图 6-1-14

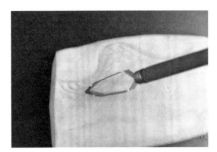

图 6-1-15

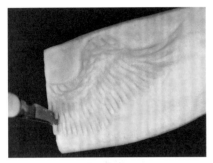

图 6-1-16

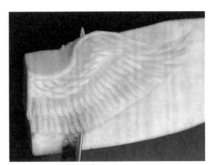

图 6-1-17

图 6-1-18

图 6-1-19

（三）工艺要点

1. 雕刻小鸟时，应认真了解其结构部位，要先从整体考虑，规划好大体形态，做好形态定位。

2. 雕刻翅膀时，要注意飞羽、中覆羽和小覆羽的形态、长短比例恰当，这样作品才能更自然。另外，两个翅膀的呈现面是不一样的，要注意外侧和里侧的区别。

3. 雕刻时，应注意小鸟嘴甲、额头、颈部、背部、胸部、腹部的大小比例，避免出现颈部、胸部不明显等情况。

（四）评价标准

小鸟嘴、额、颈、背、胸、腹部位结构合理，翅膀层次分明，线条流畅，形态自然，细腻逼真。

四、任务拓展

根据所学的实训内容，完成作品"怡然自得"的制作（如图 6-1-20 所示）。

图 6-1-20

任务二　天鹅

一、任务引入

天鹅，属游禽，国家二级保护动物，为鸭科中个体最大的类群，是一种冬候鸟，喜欢群栖在湖泊和沼泽地带，主要以水生植物为食。天鹅体形优美，额头饱满凸起，嘴基部高而前端缓平，眼腺裸露，颈修长，体坚实，脚大，尾短而圆，在水中滑行时神态庄重，飞翔时长颈前伸，徐缓地扇动双翅。天鹅有白天鹅和黑天鹅，以白天鹅为常见。

天鹅保持着一种稀有的"终身伴侣制"，在南方越冬时不论是取食还是休息都成双成对。雌天鹅在产卵时，雄天鹅在旁边守卫着，遇到敌害时，它拍打翅膀上前迎敌，勇敢地与对方搏斗。它们不仅在繁殖期彼此互相帮助，平时也是成双成对，如果一只死亡，另一只也确能为之"守节"，终生单独生活，因而天鹅常被当作忠贞爱情的代表。

由于天鹅的羽色洁白、体态优美、叫声动人、行为忠诚，无论在东方文化还是西方文化中，均不约而同地把白色的天鹅作为纯洁、忠诚、高贵的象征。在食品雕刻中，要体现其洁白的色调，一般用白萝卜来雕刻白天鹅。为了突显其"鹅"的特征，会把额头雕得比天鹅的高一些，可参照鹅的形状来雕刻（如图 6-2-1 所示）。

图 6-2-1

二、任务分析

（一）结构部位分析

天鹅雕刻作品的结构部位如图 6-2-2 所示。

额 头
嘴 部
颈 部
胸 部
腹 部
脚 掌

飞 羽
中覆羽
次级飞羽
小覆羽
尾 巴
大小腿

图 6-2-2

（二）工艺分析

工艺分析具体如图 6-2-3 所示。

额头饱满凸起，嘴甲
扁圆，用主刀完成

颈部弯曲修长，用
主刀完成

胸腹圆润，用主刀
完成

大小腿分明，鹅掌
大，用主刀完成

飞羽、中覆羽宽大，
层次分明，用主刀
完成

小覆羽鱼鳞状，用
小号拉刻刀完成

尾巴短圆，用主刀
完成

图 6-2-3

三、任务实施

（一）实训准备

1. 主要原材料：白萝卜2个。
2. 用具：雕刻主刀、小号拉刻刀、桑刀、砧板、毛巾、小方盘。

（二）操作步骤

1. 取两块萝卜拼接，用主刀左右各削一刀，削成斧状，并画出天鹅身体大型（如图6-2-4所示）。

2. 用主刀沿着画线运刀，雕刻出天鹅颈部和身体大型（如图6-2-5所示）。

3. 用主刀修出天鹅身体大型，画出尾部线条（如图6-2-6所示）。

4. 雕刻出尾部，并用主刀或拉刻刀雕刻出尾部羽毛（如图6-2-7所示）。

5. 用主刀和拉刻刀细化身体羽毛，雕刻出眼睛后装上仿真眼，天鹅身体大型完成（如图6-2-8所示）。

6. 用主刀雕刻出翅膀的大型，接着用小号拉刻刀拉刻出翅膀的鱼鳞状小覆羽，并去除一层废料（如图6-2-9所示）。

7. 用主刀雕刻出翅膀的中覆羽，接着在其底下去除一层废料（如图6-2-10所示）。

8. 用主刀雕刻出飞羽，然后用主刀切出来稍做细化修改即可（如图6-2-11所示）。

9. 把雕好的天鹅身体和翅膀组装起来即成（如图6-2-12所示）。

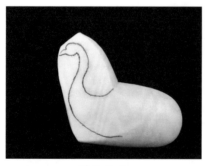

图6-2-4

图6-2-5

图6-2-6

图6-2-7

图 6-2-8

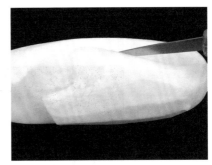

图 6-2-9

图 6-2-10

图 6-2-11

图 6-2-12

（三）工艺要点

1. 雕刻天鹅时，应认真了解其结构部位，要先从整体考虑，规划好大体形态，做好形态定位。

2. 要注意头、颈、胸、腹、尾巴部位分明，而且要把握好整个鹅身的流线弧度。

3. 雕刻时，应注意天鹅头部和羽毛线条的细腻程度，这样才能使作品逼真。

（四）评价标准

天鹅头、颈、胸、腹、尾巴比例合理，线条流畅，形态自然；天鹅头部和羽毛线条细腻逼真；嘴和脚部符合天鹅的特征。

四、任务拓展

根据所学的实训内容，完成作品"振翅欲飞"的制作（如图 6-2-13 所示）。

图 6-2-13

任务三　仙鹤

一、任务引入

仙鹤（如图 6-3-1 所示），指的是丹顶鹤。丹顶鹤是东亚地区所特有的鸟种，主要栖息在沼泽和沼泽化的草甸，是我国一级保护动物。丹顶鹤具备鹤类的特征，即三长——嘴长、颈长、腿长。嘴为橄榄绿色。成鸟除颈部、脚和飞羽后端为黑色外，全身洁白，长而弯曲的黑色飞羽呈弓状，覆盖在白色尾羽上。头顶皮肤裸露，呈鲜红色，好像一顶小红帽，丹顶鹤因此得名。

图 6-3-1

　　仙鹤因体态优雅、颜色分明，在中华文化中具有吉祥、忠贞、长寿的象征意义。在食品雕刻中，要体现其洁白的色调，一般用白萝卜雕刻。仙鹤作品构图时可与松树一起，松鹤延年代表吉祥长寿。

二、任务分析

（一）结构部位分析

　　仙鹤雕刻作品的结构部位如图 6-3-2 所示。

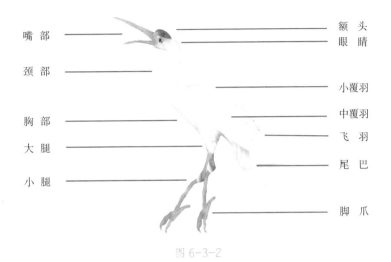

嘴 部 ——————— 额 头
——————— 眼 睛
颈 部 ———————
——————— 小覆羽
——————— 中覆羽
胸 部 ——————— 飞 羽
大 腿 ——————— 尾 巴
小 腿 ———————
——————— 脚 爪

图 6-3-2

（二）工艺分析

　　工艺分析具体如图 6-3-3 所示。

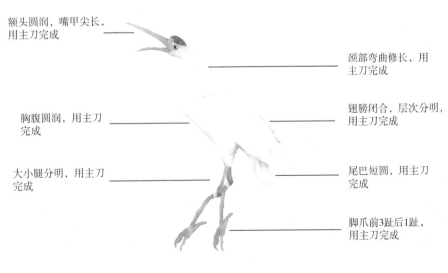

额头圆润，嘴甲尖长，———
用主刀完成
颈部弯曲修长，用
主刀完成

胸腹圆润，用主刀 ———
完成
翅膀闭合，层次分明，
用主刀完成

大小腿分明，用主刀 ———
完成
尾巴短圆，用主刀
完成

脚爪前3趾后1趾，
用主刀完成

图 6-3-3

三、任务实施

（一）实训准备

1. 主要原材料：白萝卜2个、胡萝卜1个、心里美萝卜1块。
2. 用具：雕刻主刀、中号拉刻刀、桑刀、砧板、毛巾、小方盘。

（二）操作步骤

1. 取一个白萝卜，用主刀在原料两侧开一刀，成斧状，然后勾画定下仙鹤身体位置（如图6-3-4所示）。
2. 用主刀沿着笔画运刀，雕刻出仙鹤头颈身大型，并去掉两边的废料，修圆润（如图6-3-5所示）。
3. 取一个胡萝卜厚片和一小块心里美萝卜，分别粘在仙鹤身体大型的头部，作为雕刻鹤嘴和丹顶的胚体（如图6-3-6所示）。
4. 用主刀雕刻好嘴部和头顶（如图6-3-7所示）。
5. 用主刀雕刻出翅膀和腿部形状（如图6-3-8所示）。
6. 用主刀雕刻好翅膀羽毛，位置不够时可另取白萝卜雕好飞羽接上（如图6-3-9所示）。
7. 另取一块原料用中号拉刻刀拉刻出尾部覆羽（如图6-3-10所示）。
8. 将雕刻好的尾部覆羽接在身体上（如图6-3-11所示）。
9. 另取一块胡萝卜雕刻出仙鹤细长的脚，粘接上即成（如图6-3-12所示）。

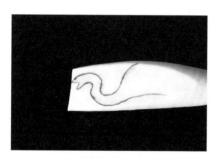

图6-3-4

图6-3-5

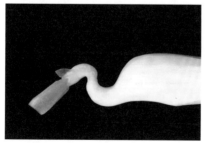

图6-3-6

图6-3-7

图 6-3-8　　　　　　　　　　　　　图 6-3-9

图 6-3-10　　　　　　　　　　　　图 6-3-11

图 6-3-12

（三）工艺要点

1.雕刻仙鹤时，应认真了解其结构部位，在原料上大体勾画好仙鹤身体各部分的位置，做到心中有数，减少粘接和原料浪费。

2. 要先雕整体外形，注意仙鹤形态姿势的构图，应体现艺术美化特色，呈现自然视觉效果。

3. 雕刻时，注意仙鹤嘴甲、颈部和腿脚要细长，体现仙鹤优雅高贵的体态，还要注意头部和羽毛线条的细腻程度，这样才能使作品逼真。

（四）评价标准

仙鹤外部构图比例合理，线条流畅，形态自然，头颈部和羽毛线条细腻逼真。

四、任务拓展

根据所学的实训内容，完成作品"闲暇"的制作（如图 6-3-13 所示）。

图 6-3-13

任务四　孔雀

一、任务引入

孔雀（如图 6-4-1 所示），在东西方神话中都有关于它的传说。如在《西游记》中它被如来佛祖封为"大明王菩萨"，在罗马神话中它被称为"朱诺之鸟"；在各类文献中都有关于它的记载，如《本草纲目》中称其为越鸟；在诗词中也有关于它的故事，如我们耳熟能详的叙事诗《孔雀东南飞》……孔雀，仿若常伴于人们身旁从未缺席，在人们的心中占有独特的地位。它是坚贞爱情、夫妻恩爱白头偕老的象征，有着吉祥如意、前程似锦的寓意。

　　孔雀被视为百鸟之王，常见的品种有绿孔雀、蓝孔雀、黑孔雀、白孔雀等，是美丽的观赏品。孔雀体型较大，头部呈三角形，尾上覆羽特别长，羽尖具虹彩光泽的眼圈。特别是雄性孔雀，其"开屏"之姿，可谓绚丽之极，让人难以忘怀。

　　在食品雕刻中，"孔雀开屏""孔雀迎宾"是在展台、盘饰等应用场景中比较常用和受欢迎的主题。由于孔雀的组成部件较多，因此多选用组合雕的方式来雕刻孔雀。在构图造型上，其可与牡丹花、月季花、玉兰花、山石和树木等搭配，以增强其呈现效果。

图 6-4-1

二、任务分析

（一）结构部位分析

孔雀雕刻作品的结构部位如图 6-4-2 所示。

头 顶	冠 羽
嘴 巴	眼 睛
飞 羽	颈 部
中覆羽	
背 部	小飞羽
小尾羽	胸腹部
	飘 羽
尾 羽	尾 眼

图 6-4-2

（二）工艺分析

工艺分析具体如图 6-4-3 所示。

头呈三角形，用主刀完成

冠羽，用V形拉刻刀完成

颈部弯曲修长，用主刀、V形拉刻刀完成

身体圆润，背部覆鱼鳞状羽毛，用V形拉刻刀完成

翅膀舒展，小覆羽、中覆羽、飞羽用主刀、V形拉刻刀完成

腿爪，用主刀完成

飘羽，用主刀、V形拉刻刀完成

尾羽，用主刀、中号拉刻刀完成

图 6-4-3

三、任务实施

（一）实训准备

1. 主要原材料：南瓜 1 个、心里美萝卜半个、胡萝卜 1 块。
2. 用具：雕刻主刀、V 形拉刻刀、中号拉刻刀、桑刀、砧板、小方盘、毛巾。

（二）操作步骤

1. 取一块南瓜，先画出头部形状（如图 6-4-4 所示）。
2. 用主刀沿笔画运刀，雕刻出头部大型，并雕刻出嘴巴（如图 6-4-5 所示）。
3. 用主刀将头部、颈部大型修圆润，并用中号拉刻刀拉刻出嘴甲（如图 6-4-6 所示）。
4. 用 V 形拉刻刀拉刻出孔雀眼睛（如图 6-4-7 所示）。
5. 用主刀雕刻出孔雀的脸颊（如图 6-4-8 所示）。
6. 用主刀或 V 形拉刻刀拉刻出颈部羽毛，呈鱼鳞状（如图 6-4-9 所示）。
7. 另取一块南瓜与雕好的头部接好，然后定出身体部位大型（如图 6-4-10 所示）。
8. 用主刀去除废料，雕刻出身体大型，并修圆润（如图 6-4-11 所示）。
9. 在孔雀背部拉刻出鱼鳞状的羽毛（如图 6-4-12 所示）。
10. 雕好孔雀身体尾部羽毛（如图 6-4-13 所示）。

11. 用胡萝卜雕刻出孔雀的腿、爪（如图 6-4-14 所示）。

12. 用 V 形拉刻刀拉刻出飘羽的线条（如图 6-4-15 所示）。

13. 用主刀切出飘羽（如图 6-4-16、图 6-4-17 所示）。

14. 另取一块南瓜用 V 形拉刻刀拉刻出尾骨，接着用中号拉刻刀拉刻出尾羽（如图 6-4-18 所示）。

15. 用主刀切出尾羽（如图 6-4-19 所示）。

16. 另取心里美萝卜雕出心形薄片，粘在尾羽上，作为尾眼（如图 6-4-20 所示）。

17. 将雕刻好的尾羽粘接在一起，制作成孔雀尾巴（如图 6-4-21 所示）。

18. 取一块南瓜雕刻出翅膀（如图 6-4-22 所示）。

19. 将翅膀、尾巴、腿爪等粘好，组装成孔雀（如图 6-4-23 所示）。

图 6-4-4

图 6-4-5

图 6-4-6

图 6-4-7

图 6-4-8

图 6-4-9

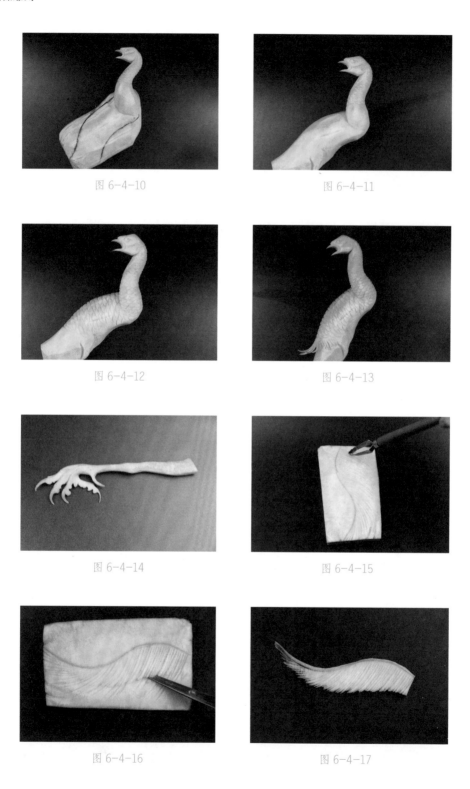

图 6-4-10

图 6-4-11

图 6-4-12

图 6-4-13

图 6-4-14

图 6-4-15

图 6-4-16

图 6-4-17

图 6-4-18

图 6-4-19

图 6-4-20

图 6-4-21

图 6-4-22

图 6-4-23

（三）工艺要点

1.雕刻孔雀时，应认真了解其结构部位，要先从整体考虑，规划好大体形态，做好形态定位。

2.要先雕整体外形，注意孔雀形态姿势的构图，特别是头部呈三角形，如果头部不像，雕刻出来的孔雀的相似度会大大降低，从而影响作品整体效果。

3.雕刻时，应注意孔雀翅膀、尾羽线条的细腻程度，这样才能使作品逼真。

（四）评价标准

孔雀外部构图比例合理，线条流畅，形态自然，头部和羽毛线条细腻逼真，特别要注意把尾巴这个孔雀的亮点雕刻好。

四、任务拓展

根据所学的实训内容，完成作品"孔雀迎宾"的制作（如图 6-4-24 所示）。

图 6-4-24

本项目小结

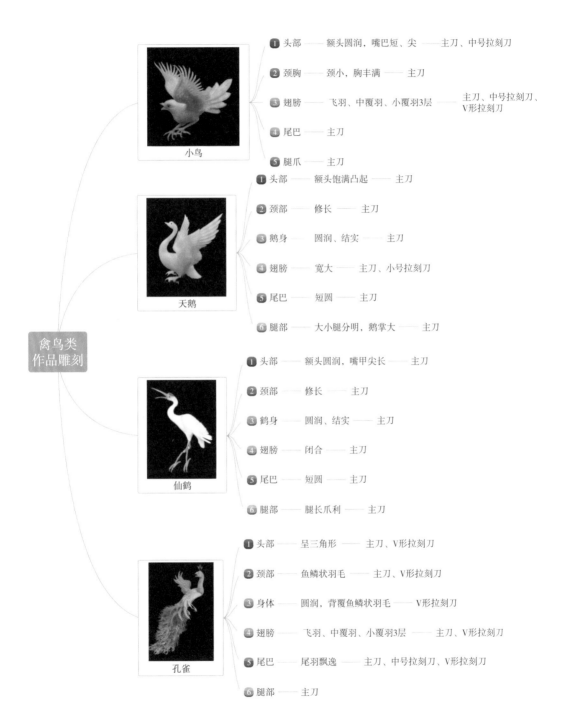

禽鸟类作品雕刻

小鸟
1 头部 —— 额头圆润，嘴巴短、尖 —— 主刀、中号拉刻刀
2 颈胸 —— 颈小，胸丰满 —— 主刀
3 翅膀 —— 飞羽、中覆羽、小覆羽3层 —— 主刀、中号拉刻刀、V形拉刻刀
4 尾巴 —— 主刀
5 腿爪 —— 主刀

天鹅
1 头部 —— 额头饱满凸起 —— 主刀
2 颈部 —— 修长 —— 主刀
3 鹅身 —— 圆润、结实 —— 主刀
4 翅膀 —— 宽大 —— 主刀、小号拉刻刀
5 尾巴 —— 短圆 —— 主刀
6 腿部 —— 大小腿分明，鹅掌大 —— 主刀

仙鹤
1 头部 —— 额头圆润，嘴甲尖长 —— 主刀
2 颈部 —— 修长 —— 主刀
3 鹤身 —— 圆润、结实 —— 主刀
4 翅膀 —— 闭合 —— 主刀
5 尾巴 —— 短圆 —— 主刀
6 腿部 —— 腿长爪利 —— 主刀

孔雀
1 头部 —— 呈三角形 —— 主刀、V形拉刻刀
2 颈部 —— 鱼鳞状羽毛 —— 主刀、V形拉刻刀
3 身体 —— 圆润，背覆鱼鳞状羽毛 —— V形拉刻刀
4 翅膀 —— 飞羽、中覆羽、小覆羽3层 —— 主刀、V形拉刻刀
5 尾巴 —— 尾羽飘逸 —— 主刀、中号拉刻刀、V形拉刻刀
6 腿部 —— 主刀

思考与练习

1.鸟类翅膀的羽毛有什么规律？

2.各种鸟类的翅膀有什么不同的地方？

3.大型飞行鸟类的脚有什么特点？

4.仙鹤一般用在哪些主题宴会上？

5.孔雀开屏重点展示的是孔雀哪个部位的特征？

知识链接

1.学习技巧

通过简笔画与雕刻作品的有机结合，构建实物与作品的联系，如学习小鸟、孔雀、仙鹤、天鹅简笔画（如图 6-5-1～图 6-5-4 所示）。同时，多观赏剪纸、木雕、石雕等作品，以拓宽视野。

图 6-5-1

图 6-5-2

图 6-5-3

图 6-5-4

2.网站链接

搜索本项目对应作品的相关百科知识和视频等，以增加学习的多元性和延展性。

3. 禽鸟类翅膀、尾巴、脚部的形状参考

（1）禽鸟类翅膀

简易翅膀如图 6-5-5 所示，普通翅膀如图 6-5-6 所示，鹰鹫等猛禽翅膀如图 6-5-7 所示，信天翁等的细翅膀如图 6-5-8 所示。

图 6-5-5　　　　　　　　　　　图 6-5-6

图 6-5-7　　　　　　　　　　　图 6-5-8

（2）禽鸟类尾巴

鹭、鹤等的尾羽如图 6-5-9 所示，鸽子、老鹰等的尾羽如图 6-5-10 所示，鸭子的尾羽如图 6-5-11 所示，燕子的尾羽如图 6-5-12 所示，喜鹊的长尾羽如图 6-5-13 所示，相思鸟的凹尾如图 6-5-14 所示。

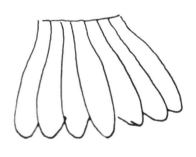

图 6-5-9

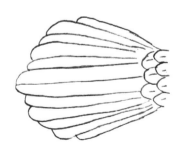

图 6-5-10

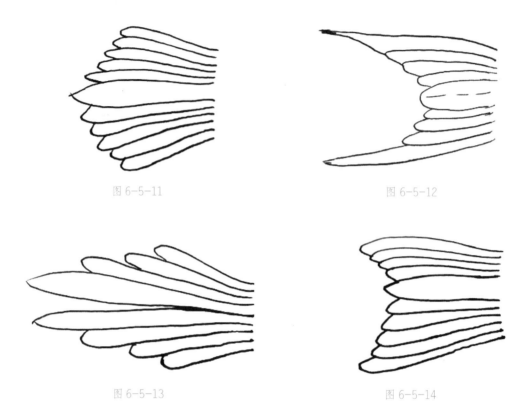

图 6-5-11   图 6-5-12

图 6-5-13   图 6-5-14

（3）禽鸟类脚部

简易鸟类脚部如图 6-5-15 所示，普通鸟类脚部如图 6-5-16 所示。

 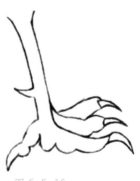

图 6-5-15   图 6-5-16

项目七
畜兽类作品雕刻

学习目标

通过本项目的学习，了解牛和马这两种动物的外形特征、应用场景等基本知识，掌握其雕刻方法、步骤、工艺要点，基本能独立完成牛和马的制作，不断提高雕刻技法的熟练度，并将之运用于宴会等场景，同时为雕刻其他畜兽类作品提供借鉴。

教学目的

教师通过引导学生思考畜兽类动物的特征、种类、生活习性、象征意义、应用场景等，以水牛、马两种动物的雕刻工艺为案例展开教学，从其结构部位分析、雕刻工艺分析、雕刻具体操作步骤及工艺要点，引导学生以任务的形式实现作品的创作。在创作作品评价中，本项目给出了相关的评价标准。学有余力的同学可以参照拓展任务设计自己的创意作品。

主要内容

水牛、马雕刻作品的制作。

任务一　水牛

一、任务引入

牛为哺乳动物，草食性，部分种类为家畜，包括黄牛、水牛、牦牛等。水牛（如图 7-1-1 所示）体格壮实，体色多为灰黑色；角长面扁，上有纹路，并且多向后弯；颈短，腰腹隆凸；四肢较短，蹄较大。水牛是素食动物，且食物范围很广，最喜欢吃青草，还喜欢吃一些绿色植物（或果实），如水花生、红薯藤（苗）、玉米（苗）、水稻、小麦苗等。

牛寓意勤劳坚韧，体现了一种积极的生活态度，还有着强财旺运、祥瑞、镇宅辟邪、吉祥如意的寓意，因此其雕刻作品可应用于生意宴席、乔迁之喜宴席等场景。

图 7-1-1

二、任务分析

（一）结构部位分析

水牛雕刻作品的结构部位如图 7-1-2 所示。

牛 角 ——

牛 眼 ——
牛 鼻 ——
牛 嘴 ——
脸 颊 ——
牛 耳 ——

牛 蹄 ——

—— 牛 背

—— 牛 尾

—— 大 腿

—— 小 腿

图 7-1-2

（二）工艺分析

工艺分析具体如图 7-1-3 所示。

头长适度，眼凸、
角长、颈短，用
主刀、V形拉刻刀
完成

四肢较短，腿型直立，
牛蹄中开，用主刀、
大号拉刻刀、中号拉
刻刀完成

体型粗壮，背部有一
定弧度，腰腹隆凸，
用主刀、大号拉刻刀
完成

牛尾有力，自然弯曲，
用主刀、V形拉刻刀
完成

图 7-1-3

三、任务实施

（一）实训准备

1. 主要原材料：牛腿南瓜 1 块。
2. 用具：雕刻主刀、V 形拉刻刀、大号拉刻刀、中号拉刻刀、掏刀、桑刀、砧板、毛巾、小方盘。

（二）操作步骤

1. 切胚、画大型：取一块南瓜，用 2B 铅笔画出水牛的大体形状，即做好牛身、牛腿的形状定位（如图 7-1-4 所示）。

2. 沿画好的水牛身体运刀，去除废料，雕刻出其大型（如图 7-1-5 所示）。

3. 用主刀 45° 角下刀，去除牛背、腹部左右两侧的废料（如图 7-1-6 所示）。

4. 用大号拉刻刀拉刻出前后腿、牛肚的形状（如图 7-1-7 所示）。

5. 用主刀去除前后腿之间的废料，雕出 4 个腿（如图 7-1-8 所示）。

6. 用主刀、大号拉刻刀修整牛腿，细化大腿、关节和小腿，并用中号拉刻刀将小腿与牛蹄分离开来，接着雕出牛蹄（如图 7-1-9 所示）。

7. 取一小块南瓜，前小后大，定出鼻子、眼睛的位置（如图 7-1-10 所示）。

8. 用主刀斜刀去除废料，修整鼻子、眼睛的位置（如图 7-1-11 所示）。

9. 用 2B 铅笔画出牛头的大小，并顺笔画去除废料，修出牛头胚体（如图 7-1-12、图 7-1-13 所示）。

10. 用大号拉刻刀紧贴鼻子处，拉刻出脸颊（如图 7-1-14 所示）。

11. 用掏刀掏出牛鼻子，接着用中号拉刻刀拉刻出牛嘴和牙齿（如图 7-1-15 所示）。

12. 用主刀和中号拉刻刀雕出牛眼睛（如图 7-1-16 所示）。

13. 用大号拉刻刀在牛脸颊上适当拉刻出皱褶（如图 7-1-17 所示）。

14. 将牛头与牛身体黏合，拉刻出牛脖子的皱褶（如图 7-1-18 所示）。

15. 用主刀雕刻出一对弯角，并与牛头黏合（如图 7-1-19 ～图 7-1-21 所示）。

16. 用 V 形拉刻刀和主刀雕出牛尾巴（如图 7-1-22 所示）。

17. 组装成型，将牛的各部位用 502 胶水粘好，装上仿真眼即可（如图 7-1-23 所示）。

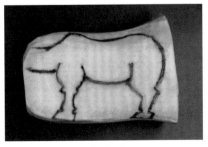
图 7-1-4

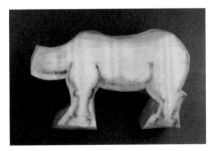
图 7-1-5

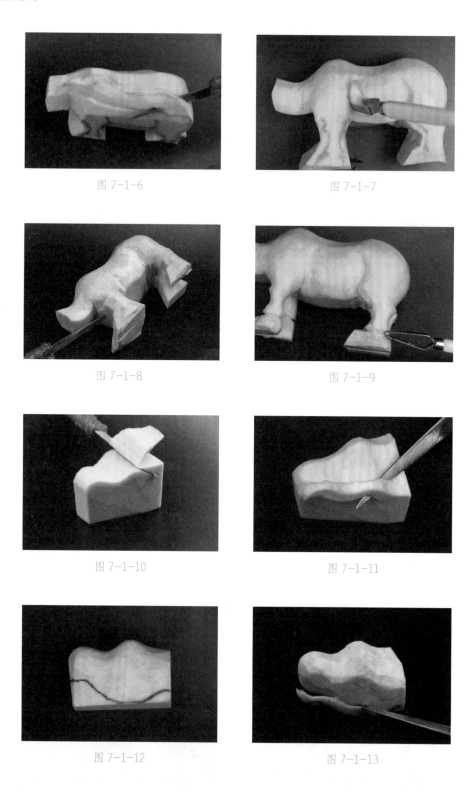

图 7-1-6

图 7-1-7

图 7-1-8

图 7-1-9

图 7-1-10

图 7-1-11

图 7-1-12

图 7-1-13

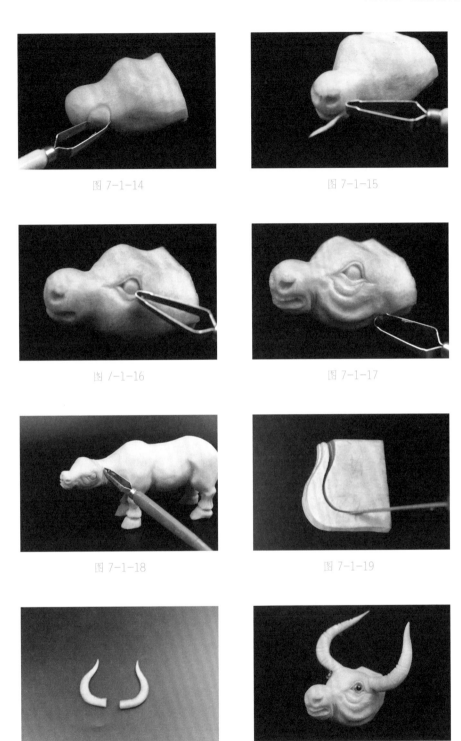

图 7-1-14

图 7-1-15

图 7-1-16

图 7-1-17

图 7-1-18

图 7-1-19

图 7-1-20

图 7-1-21

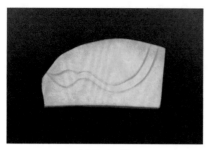

图 7-1-22 图 7-1-23

（三）工艺要点

1. 雕刻水牛时，应认真了解其外形特征，最好能先画后雕，做好形态定位。

2. 在雕刻身体时，要把握好身体弧度，保证牛肚饱满，比例匀称。

3. 在雕刻牛腿时，下刀要垂直，保证前腿之间、后腿之间大小一致。在去除前腿间的废料时，要注意下刀的准确，避免去废料过多，导致牛脖子与胸之间不协调。

4. 在雕刻牛头时，注意先切出等腰梯形的胚体；把握好鼻子与眼睛的距离，以免不协调；牛嘴和牛鼻子的高度为 1∶1，牛嘴比牛鼻子略宽。

（四）评价标准

牛头上鼻子、眼睛、脸颊的比例恰当，特征明显；牛身弧线流畅、丰润，腿粗壮；整体生动形象。

四、任务拓展

根据所学的实训内容，完成作品"辛勤劳作"的制作（如图 7-1-24 所示）。

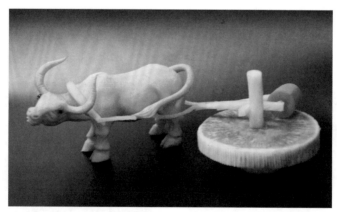

图 7-1-24

任务二　马

一、任务引入

马（如图 7-2-1 所示），在中国的十二生肖中排名第七，在十二地支中称为"午马"，在《周易》中有"乾为马"之言……由此可见，马在中华民族的文化中有独特的地位和精神内涵。马的象征意义有很多，它代表一种独立不羁的形象，是威严与武力、吉祥美好的象征，同时寓意事业飞黄腾达、功成名就、学业有成、财运亨通，因此，其雕刻作品在开张之喜、升学竞技、事业有成等相关宴席中都可以应用。

图 7-2-1

二、任务分析

（一）结构部位分析

马雕刻作品的结构部位如图 7-2-2 所示。

马鼻　　马耳
马嘴
脸颊　　鬃毛

马颈　　马尾

　　　　马身

大腿
小腿
马蹄

图 7-2-2

（二）工艺分析

工艺分析具体如图 7-2-3 所示。

马头偏长，眼凸，鬃毛如S形，用主刀、大号拉刻刀、V形拉刻刀完成

马尾飘逸，如S形，用主刀和V形拉刻刀完成

马腿细长，前奔和后蹬姿态各异，用主刀和大号拉刻刀完成

马身体线条流畅，腹部圆润，用主刀、大号拉刻刀完成

图 7-2-3

三、任务实施

（一）实训准备

1. 主要原材料：牛腿南瓜 1 块。

2. 用具：雕刻主刀、V 形拉刻刀、大号拉刻刀、中号拉刻刀、O 形拉刻刀、桑刀、砧板、毛巾、小方盘。

（二）操作步骤

1. 切胚、画大型：取一小块南瓜，定出鼻子、眼睛的位置（如图 7-2-4、图 7-2-5 所示）。

2. 用大号拉刻刀定好眼睛、鼻子、嘴巴和脸颊的位置（如图 7-2-6 所示）。

3. 用主刀雕刻出马嘴、脸颊的胚体，以定好马头的大小（如图 7-2-7 所示）。

4. 用中号拉刻刀和主刀雕刻出马嘴（如图 7-2-8 所示）。

5. 用主刀雕出马的牙齿，并用 O 形拉刻刀掏空嘴内的废料（如图 7-2-9 所示）。

6. 用中号拉刻刀加深鼻子，并用主刀雕出鼻子；接着用主刀雕出马眼睛，用 V 形拉刻刀、大号拉刻刀拉刻出脸颊的肌肉（如图 7-2-10 所示）。

7. 取两块南瓜粘接起来，用 2B 铅笔画出马脖子和马身，定出马腿的位置，并去除废料，修整光滑（如图 7-2-11、图 7-2-12 所示）。

8. 在马胸、马臀部的位置分别斜切一刀，逐一粘上 4 片南瓜厚片，为雕刻马腿做准备（如图 7-2-13 所示）。

9. 用 2B 铅笔在粘好的马腿胚体上画出 4 条腿，定好其奔跑姿态（如图 7-2-14 所示）。

10. 用大号拉刻刀拉刻出前大腿、马肚、后大腿的位置（如图 7-2-15 所示）。

11. 用主刀顺着笔画走向运刀，去除废料，雕刻出 4 条马腿（如图 7-2-16 所示）。

12. 主刀、大号拉刻刀交错运用，修整马腿，并雕出马蹄（如图 7-2-17 所示）。

13. 用大号拉刻刀在马腿上适当拉刻出肌肉（如图 7-2-18 所示）。

14. 将马头和马身体黏合，并修整圆润（如图 7-2-19 所示）。

15. 取一块长方体南瓜，S 形运刀，雕刻出鬃毛（如图 7-2-20 所示）。

16. 用 V 形拉刻刀拉出细毛，并平片出来（如图 7-2-21 所示）。

17. 将鬃毛交错粘在马脖子上面（如图 7-2-22 所示）。

18. 雕刻出尖而直立的马耳朵、弯曲的小鬃毛，并粘好（如图 7-2-23～图 7-2-25 所示）。

19. 雕刻出 S 形马尾，并用 V 形拉刻刀细化（如图 7-2-26～图 7-2-28 所示）。

20. 组装成型，装上仿真眼即可（如图 7-2-29 所示）。

图 7-2-4

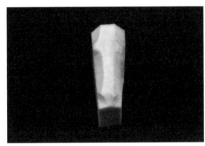

图 7-2-5

图 7-2-6

图 7-2-7

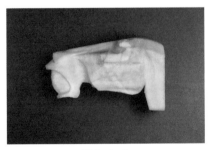

图 7-2-8

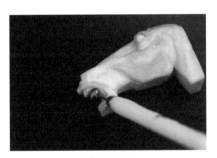

图 7-2-9

图 7-2-10

图 7-2-11

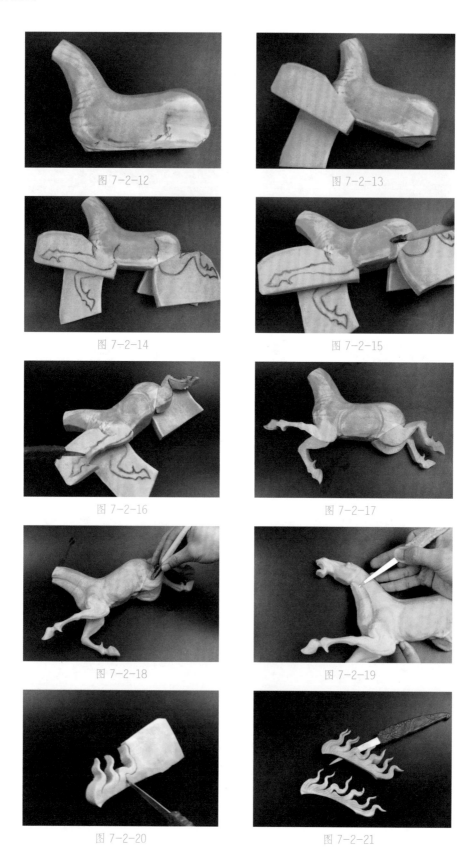

图 7-2-12

图 7-2-13

图 7-2-14

图 7-2-15

图 7-2-16

图 7-2-17

图 7-2-18

图 7-2-19

图 7-2-20

图 7-2-21

图 7-2-22

图 7-2-23

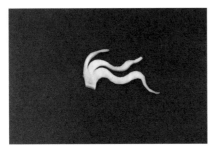

图 7-2-24

图 7-2-25

图 7-2-26

图 7-2-27

图 7-2-28

图 7-2-29

（三）工艺要点

1.雕刻马头时，要注意嘴巴、鼻子、脸颊和眼睛的定位，其中，脸颊长度约为马头长度的一半。注意马各部分比例，马头、脖子、身体、尾巴的比例为 1∶2∶3∶2。

2.马鬃毛、马尾巴都为S形，要掌握S形的雕刻技法。

3.粘接马腿时，要预想马腿的走向，预留足够的空间，同时要注意粘稳。

4.马腿的摆放位置决定奔跑的姿态，要注意4条腿尤其是前腿的走向。雕刻时应心沉气稳，避免下刀不准，影响成品效果。

（四）评价标准

雕好的马，头部各部分比例协调；身体修长、健硕；马腿细长，前奔后蹬姿态准确；鬃毛、尾巴飘逸；整体神俊。

四、任务拓展

根据所学的实训内容，完成作品"马到功成"的制作（如图7-2-30所示）。

图 7-2-30

本项目小结

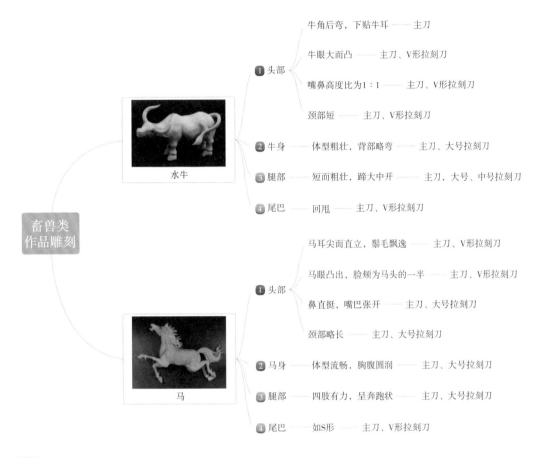

牛角后弯，下贴牛耳 —— 主刀

牛眼大而凸 —— 主刀、V形拉刻刀

① 头部　嘴鼻高度比为1：1 —— 主刀、V形拉刻刀

颈部短 —— 主刀、V形拉刻刀

② 牛身 —— 体型粗壮，背部略弯 —— 主刀、大号拉刻刀

③ 腿部 —— 短而粗壮，蹄大中开 —— 主刀，大号、中号拉刻刀

④ 尾巴 —— 回甩 —— 主刀、V形拉刻刀

水牛

畜兽类
作品雕刻

马耳尖而直立，鬃毛飘逸 —— 主刀、V形拉刻刀

马眼凸出，脸颊为马头的一半 —— 主刀、V形拉刻刀

① 头部　鼻直挺，嘴巴张开 —— 主刀、大号拉刻刀

颈部略长 —— 主刀、大号拉刻刀

② 马身 —— 体型流畅，胸腹圆润 —— 主刀、大号拉刻刀

③ 腿部 —— 四肢有力，呈奔跑状 —— 主刀、大号拉刻刀

④ 尾巴 —— 如S形 —— 主刀、V形拉刻刀

马

思考与练习

1. 水牛和马有哪些外形特征？

2. 雕刻马时，其身体各部分的比例如何？

3. 水牛和马的雕刻工艺要点有哪些？

4. 比较水牛头、马头雕刻工艺的异同。

知识链接

1. 学习技巧

通过简笔画与雕刻作品的有机结合，构建实物与作品的联系，如学习牛、马简笔画（如图 7-3-1、图 7-3-2 所示）。同时，多观赏剪纸、木雕、石雕等作品，以拓宽视野。

图 7-3-1　　　　　　　　　　　　　　图 7-3-2

2. 网站链接

搜索本项目对应作品的相关百科知识和视频等，以增加学习的多元性和延展性。

3. 马的艺术

我国的《三字经》中说："马牛羊，鸡犬豕，此六畜，人所饲。"马被列在六畜之首，体现了我国人民自古以来对马的深厚感情。因此，从古至今，马都是雕刻、书画等艺术家的挚爱，一个个有关马的优秀作品被创作出来，如马踏飞燕、昭陵六骏图等，成为文化艺术的瑰宝。它们为食品雕刻的创作提供了丰富的借鉴资料，价值甚大。

项目八
吉祥类作品雕刻

◎ 学习目标

通过本项目的学习，了解凤凰和龙这两种吉祥物的外形特征、应用场景等基本知识，掌握其雕刻方法、步骤、工艺要点，基本能独立完成凤凰和龙的制作，不断提高雕刻技法的熟练度，并将之运用于宴会等场景。

📝 教学目的

教师通过引导学生思考吉祥类动物的特征、种类、生活习性、象征意义、应用场景等，以凤凰、龙两种动物的雕刻工艺为案例展开教学，从其结构部位分析、雕刻工艺分析、雕刻具体操作步骤及工艺要点，引导学生以任务的形式实现作品的创作。在创作作品评价中，本项目给出了相关的评价标准。学有余力的同学可以参照拓展任务设计自己的创意作品。

☑ 主要内容

凤凰、龙雕刻作品的制作。

任务一　凤凰

一、任务引入

凤凰，又作"凤皇"，古代传说中的百鸟之王。雄的叫"凤"，雌的叫"凰"，总称为凤凰，亦称为丹鸟、火鸟、威凤等。凤凰常用来象征祥瑞，自古就是中国文化的重要元素，凤凰齐飞是吉祥和谐的象征。自秦汉以后，龙逐渐成为帝王的象征，帝后妃嫔们开始称凤，凤凰的形象逐渐雌雄不分，整体被"雌"化。凤凰的形象，愈往后愈复杂：麟前鹿后，蛇头鱼尾，龙文龟背，燕颔鸡喙，凤凰成了多种鸟兽集合而成的一种神物。凤凰的形态不一，因此其雕刻作品也有一定的差异，常用于婚宴。

二、任务分析

（一）结构部位分析

凤凰雕刻作品的结构部位如图 8-1-1 所示。

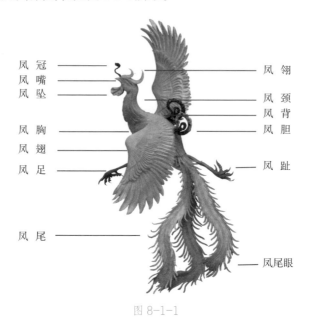

凤 冠 ———
凤 嘴 ———
凤 坠 ———

凤 胸 ———
凤 翅 ———
凤 足 ———

凤 尾 ———

——— 凤 翎
——— 凤 颈
——— 凤 背
——— 凤 胆

——— 凤 趾

——— 凤尾眼

图 8-1-1

（二）工艺分析

工艺分析具体如图 8-1-2 所示。

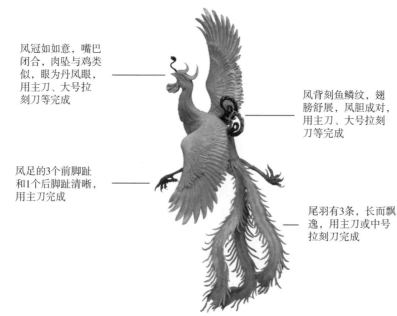

凤冠如如意，嘴巴
闭合，肉坠与鸡类
似，眼为丹凤眼，
用主刀、大号拉
刻刀等完成 ———

凤背刻鱼鳞纹，翅
膀舒展，凤胆成对，
用主刀、大号拉刻
刀等完成

凤足的3个前脚趾
和1个后脚趾清晰，
用主刀完成 ———

尾羽有3条，长而飘
逸，用主刀或中号
拉刻刀完成

图 8-1-2

三、任务实施

（一）实训准备

1. 主要原材料：牛腿南瓜 1 个、心里美萝卜 1 个、胡萝卜 1 个。

2. 用具：雕刻主刀、V 形拉刻刀、大号拉刻刀、中号拉刻刀、双线拉刻刀、桑刀、砧板、毛巾、小方盘。

（二）操作步骤

1. 切胚、画大型：取一块南瓜，用 2B 铅笔画出凤凰的大体形状，即做好头部、身体的形状定位（如图 8-1-3 所示）。

2. 沿画好的凤凰运刀，去除废料，并雕刻头部的大型，包括头翎、嘴甲，在嘴下方刻出其肉坠的大型（如图 8-1-4 所示）。

3. 用主刀雕刻出凤凰的细长眼睛（丹凤眼），接着用大号拉刻刀雕刻出嘴下方肉坠的皱褶，用大号拉刻刀拉刻出脖子上的羽毛（如图 8-1-5 所示）。

4. 用主刀、中号拉刻刀拉刻出第一、第二层尾羽，并定好腿的位置（如图 8-1-6 所示）。

5. 用拉刻刀拉刻出身上的鳞片（如图 8-1-7 所示）。

6. 用双线拉刻刀定好尾部羽骨、凤尾眼，接着用中号拉刻刀在羽骨旁顺势拉刻出羽毛（如图 8-1-8 所示）。

7. 用主刀取出凤凰尾羽（如图 8-1-9 所示）。

8. 取一块南瓜，用主刀雕刻出鸟翅膀的大型，用 V 形拉刻刀拉刻出小羽毛（如图 8-1-10 所示）。

9. 用 V 形拉刻刀或主刀雕刻出次级飞羽（如图 8-1-11 所示）。

10. 用 V 形拉刻刀拉刻出第三层羽毛的大概位置，用大号拉刻刀拉刻出羽毛，并做好修整，雕刻出凤凰的翅膀（如图 8-1-12、图 8-1-13 所示）。

11. 取一块胡萝卜，雕刻出凤凰的脚（如图 8-1-14、图 8-1-15 所示）。

12. 取两片心里美萝卜，在其上雕刻出大小一样的凤胆，并粘在翅膀与身体连接处的上部。

13. 组装成型（如图 8-1-16 所示）。

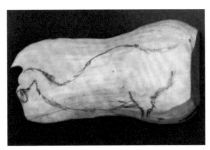

图 8-1-3

图 8-1-4

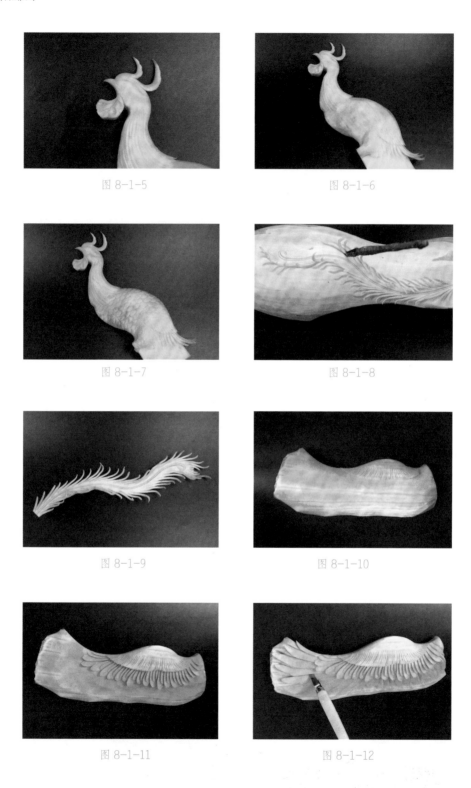

图 8-1-5

图 8-1-6

图 8-1-7

图 8-1-8

图 8-1-9

图 8-1-10

图 8-1-11

图 8-1-12

图 8-1-13

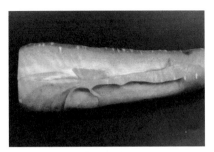

图 8-1-14

图 8-1-15

图 8-1-16

（三）工艺要点

1. 雕刻凤凰时，应认真了解其外形特征，最好能先画后雕，做好形态定位。

2. 在雕刻凤凰头时，要把握好两条头翎的弧度；嘴巴以闭合为好；其嘴巴下的肉坠与鸡嘴巴下的肉坠相似。

3. 在雕刻 3 条长尾羽时，要把握好中号拉刻刀运刀力度，如力度不均，会厚薄不一，甚至易断。同时要注意在拉刻相邻两条尾羽时，须将交接处拉断，否则取出整根尾羽去废料时不顺畅，甚至会弄断羽毛。

（四）评价标准

雕好的凤凰身形优美，体态高雅，尾羽华丽大方，翅膀有力，羽毛间层次分明，各部分比例协调自然。

四、任务拓展

根据所学的实训内容，完成作品"凤戏牡丹"的制作（如图 8-1-17 所示）。

图 8-1-17

任务二　龙

一、任务引入

　　龙是中国等东亚区域国家古代神话传说中的神异动物，为鳞虫之长，与白虎、朱雀、玄武合称为"四象"。龙的形象最基本的特点是"九似"，具体类似于哪九种动物尚有争议。较为常见的一种"九似"说法为：角似鹿、头似牛、眼似虾、嘴似驴、腹似蛇、鳞似鱼、足似凤、须似人、耳似象。龙在中国传统文化中是权势、高贵、尊荣的象征，在封建年代象征皇权，其又是幸运与成功的标志，代着吉祥、正义、力量与神圣。结合龙的象征意义，其雕刻作品常用于婚宴等喜庆场景。

二、任务分析

（一）结构部位分析

龙雕刻作品的结构部位如图 8-2-1 所示。

龙 尾 ——— 龙 脚

——— 龙 腿

背 鳍 ———

龙 须 ——— 龙 身

龙 鼻 ——— 龙 角

龙 舌 ———

龙 牙 ——— 龙 发

图 8-2-1

（二）工艺分析

工艺分析具体如图 8-2-2 所示。

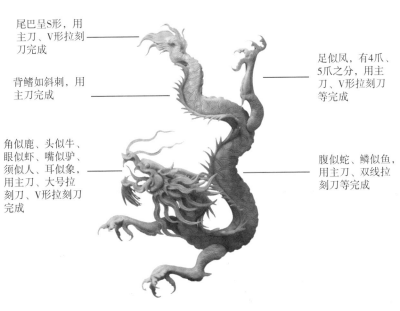

尾巴呈S形，用主刀、V形拉刻刀完成

足似凤，有4爪、5爪之分，用主刀、V形拉刻刀等完成

背鳍如斜刺，用主刀完成

角似鹿、头似牛、眼似虾、嘴似驴、须似人、耳似象，用主刀、大号拉刻刀、V形拉刻刀完成

腹似蛇、鳞似鱼，用主刀、双线拉刻刀等完成

图 8-2-2

三、任务实施

（一）实训准备

1. 主要原材料：牛腿南瓜 1 个。

2. 用具：雕刻主刀、V 形拉刻刀、大号拉刻刀、双线拉刻刀、中号拉刻刀、桑刀、砧板、毛巾、小方盘。

（二）操作步骤

1. 切一块等腰梯形的胚体，用主刀定出鼻子和额头的位置（如图 8-2-3、图 8-2-4 所示）。

2. 用大号拉刻刀定出鼻孔、鼻梁、眼睛和额头的位置（如图 8-2-5 所示）。

3. 用主刀雕刻出鼻孔（如图 8-2-6 所示）。

4. 用主刀雕出眼睛，并雕出龙的上嘴唇和獠牙（如图 8-2-7 所示）。

5. 用主刀雕出龙上面的牙齿，并雕出下嘴唇（如图 8-2-8 所示）。

6. 用主刀雕出龙下面的牙齿，用中号拉刻刀加深嘴唇（如图 8-2-9 所示）。

7. 用主刀、V 形拉刻刀雕刻出咬肌（如图 8-2-10 所示）。

8. 去除嘴巴的废料，雕刻出舌头和另外一面的牙齿（如图 8-2-11 所示）。

9. 取一小块南瓜，雕出龙角（如图 8-2-12 所示）。

10. 雕刻出 S 形的龙发（如图 8-2-13 所示）。

11. 将龙角、龙发等与龙头黏合（如图 8-2-14 所示）。

12. 在粘好的两块南瓜上用 2B 铅笔画出龙身的形状（如图 8-2-15 所示）。

13. 顺着龙身的笔画运刀，去除废料，雕好龙身大型（如图 8-2-16 所示）。

14. 将龙身打磨光滑后，用中号拉刻刀拉刻出粘贴背鳍的凹槽和腹部的分界线（如图 8-2-17 所示）。

15. 用双线拉刻刀拉出鳞片（如图 8-2-18 所示）。

16. 取一小块长方体南瓜，斜刀刻出背鳍，跟着平片好（如图 8-2-19、图 8-2-20 所示）。

17. 在龙尾部粘上一块南瓜，雕出龙尾，并粘上背鳍（如图 8-2-21、图 8-2-22 所示）。

18. 雕出龙脚（如图 8-2-23、图 8-2-24 所示）。

19. 组装成型（如图 8-2-25 所示）。

图 8-2-3

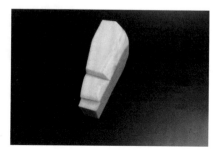

图 8-2-4

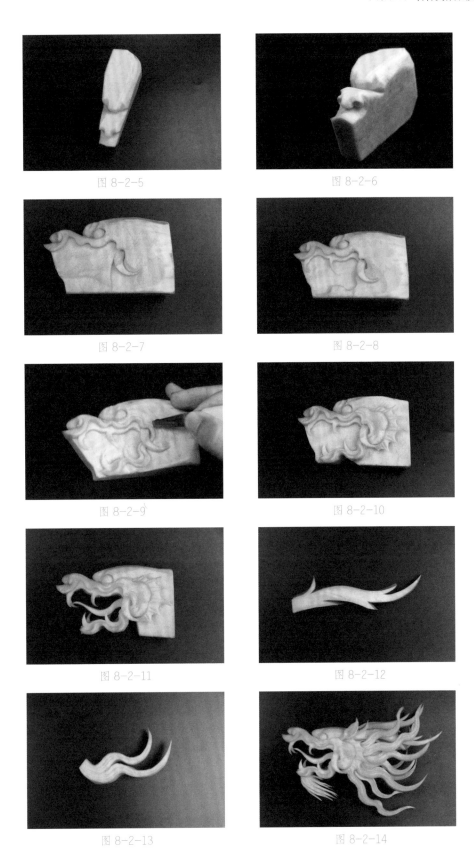

图 8-2-5　　　　　　　　　　　　　　　图 8-2-6

图 8-2-7　　　　　　　　　　　　　　　图 8-2-8

图 8-2-9　　　　　　　　　　　　　　　图 8-2-10

图 8-2-11　　　　　　　　　　　　　　　图 8-2-12

图 8-2-13　　　　　　　　　　　　　　　图 8-2-14

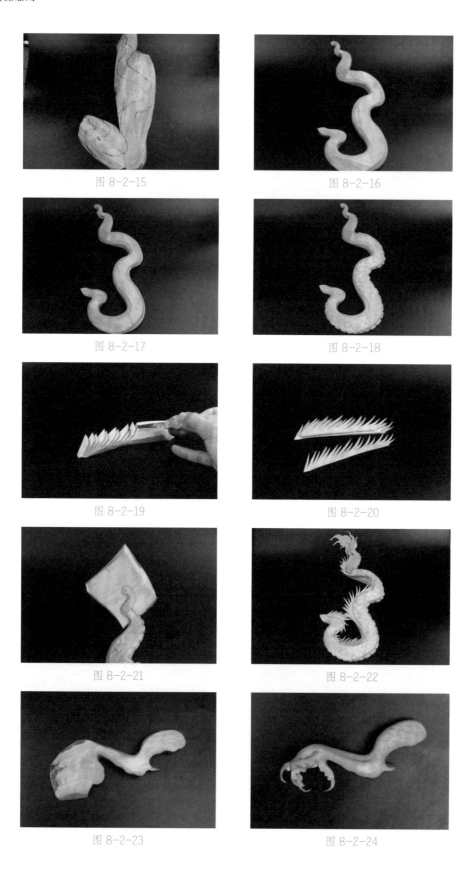

图 8-2-15

图 8-2-16

图 8-2-17

图 8-2-18

图 8-2-19

图 8-2-20

图 8-2-21

图 8-2-22

图 8-2-23

图 8-2-24

图 8-2-25

（三）工艺要点

1.龙头繁杂，在雕刻龙头时应先了解操作步骤，在对操作过程有清晰的认识后再练习。在雕刻牙齿时容易断，因此下刀时要非常细心、耐心。

2.龙的鬃毛形状为 S 形，应先取厚南瓜块，雕出鬃毛胚体后，再用平片法片出，提高效率。

3.龙身的形状要先画好，大致定好其姿态，再沿笔画运刀，这样能更有利于提升作品效果。

4.在雕龙脚时，特别是龙爪部分，雕工较细腻，而且易误伤邻爪，易断，因此雕刻时要细心。

（四）评价标准

雕好的龙头，鼻子、额头、嘴巴协调，牙齿完整，比例协调；龙身弯曲自然，鳞片整齐，背鳍和谐，尾巴飘逸；龙脚完整、有力；整体气势如虹，形象威武。

四、任务拓展

根据所学的实训内容，完成作品"飞龙逐月"的制作（如图 8-2-26 所示）。

图 8-2-26

本项目小结

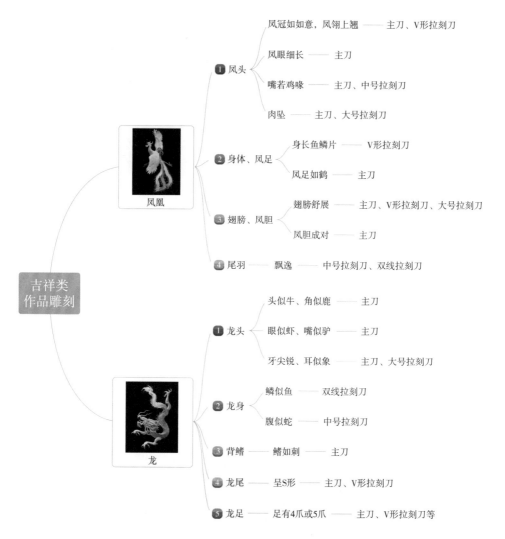

吉祥类
作品雕刻

凤凰

1 凤头
- 凤冠如如意，凤翎上翘 —— 主刀、V形拉刻刀
- 凤眼细长 —— 主刀
- 嘴若鸡喙 —— 主刀、中号拉刻刀
- 肉坠 —— 主刀、大号拉刻刀

2 身体、凤足
- 身长鱼鳞片 —— V形拉刻刀
- 凤足如鹤 —— 主刀

3 翅膀、凤胆
- 翅膀舒展 —— 主刀、V形拉刻刀、大号拉刻刀
- 凤胆成对 —— 主刀

4 尾羽 —— 飘逸 —— 中号拉刻刀、双线拉刻刀

龙

1 龙头
- 头似牛、角似鹿 —— 主刀
- 眼似虾、嘴似驴 —— 主刀
- 牙尖锐、耳似象 —— 主刀、大号拉刻刀

2 龙身
- 鳞似鱼 —— 双线拉刻刀
- 腹似蛇 —— 中号拉刻刀

3 背鳍 —— 鳍如刺 —— 主刀

4 龙尾 —— 呈S形 —— 主刀、V形拉刻刀

5 龙足 —— 足有4爪或5爪 —— 主刀、V形拉刻刀等

📝 思考与练习

1. 凤凰和龙分别有哪些外形特征？
2. 龙头比较繁复，有哪些技巧可以更快地掌握其工艺？
3. 雕刻凤凰和龙时，如何才能使其栩栩如生？
4. 请总结吉祥类作品的雕刻技法。

知识链接

1.学习技巧

通过简笔画与雕刻作品的有机结合，构建实物与作品的联系，如学习凤凰、龙简笔画（如图 8-3-1、图 8-3-2 所示）。同时，多观赏剪纸、木雕、石雕等作品，以拓宽视野。

图 8-3-1   图 8-3-2

2.网站链接

搜索本项目对应作品的相关百科知识和视频等，以增加学习的多元性和延展性。

3.食品雕刻展台的设计与制作

食品雕刻展台是对食品雕刻作品的综合展示，在各种宴会中常用，具有美化餐厅环境、活跃宴会气氛、提升宴会档次、提高客人的愉悦情绪等作用。

食品雕刻展台设计与制作的步骤：构思—选料—雕刻—组装—摆放装饰。

（1）构思：展台需根据主题进行构思，常见的有婚宴主题，如"百年好合""龙凤呈祥"等；寿宴主题，如"松鹤延年""福如东海"等；节日宴主题，如"嫦娥奔月""迎春纳福"等；开张宴主题，如"财源广进""孔雀迎宾"等；其他宴主题，如"马到功成""鲤跃龙门"等。根据不同的需求确定主题，接着进行构思制作，侧重创新，切忌老套，同时要注意色彩的搭配。

（2）选料：以厚实、块头大的原料为好，如牛腿南瓜、西瓜、冬瓜、各种萝卜。

（3）雕刻：要求雕刻师基础扎实，技术全面，精通各种类型作品的制作，雕刻出来的作品栩栩如生。

（4）组装：将主体、小配件（假山、云、海浪等）、辅助物（牙签、竹签、铁丝等）及其他物品组装成展台。

（5）摆放装饰：将雕刻好的作品摆好，适当加入特制的小灯泡、雾化器等，来烘托气氛，增强展台效果。

项目九
人物类作品雕刻

🎯 学习目标

通过本项目的学习，了解人物的头部、五官、身体、四肢、衣服等的特征，知悉寿星的雕刻方法、步骤、工艺要点，能基本完成寿星的制作，强化雕刻技法的综合运用，并将之应用于对应场景中。

📋 教学目的

教师通过引导学生思考人物类的特征、象征意义、应用场景等，以寿星的雕刻工艺为案例展开教学，从其结构部位分析、雕刻工艺分析、雕刻具体操作步骤及工艺要点，引导学生以任务的形式实现作品的创作。在创作作品评价中，本项目给出了相关的评价标准。学有余力的同学可以参照拓展任务设计自己的创意作品。

☑ 主要内容

寿星雕刻作品的制作。

任务　寿星

一、任务引入

寿星，又称南极老人星，是古代神话中的长寿之神，本为恒星名，为福、禄、寿三星之一。寿星为白须老翁，持杖，满头白发，头顶隆突，广额大耳，长眉宽鼻，方口厚唇。古人将其作为长寿老人的象征，人们常用"福如东海，寿比南山"祝愿长辈幸福长寿。寿星雕刻作品常用于寿宴中，搭配以鹿、鹤、仙桃等。

二、任务分析

（一）结构部位分析

寿星雕刻作品的结构部位如图 9-1-1 所示。

图 9-1-1

（二）工艺分析

工艺分析具体如图 9-1-2 所示。

龙头拐杖用主刀、中号拉刻刀完成

头部头顶隆突，广额大耳，长眉宽鼻，方口厚唇，眼如弯月，用主刀、大号拉刻刀等完成

手指用主刀或 V 形拉刻刀完成

衣服皱褶、裙摆用主刀、大号拉刻刀、V 形拉刻刀等完成

图 9-1-2

三、任务实施

（一）实训准备

1. 主要原材料：牛腿南瓜 1 段、胡萝卜 1 个、心里美萝卜 1 个。

2. 用具：雕刻主刀、V 形拉刻刀、大号拉刻刀、中号拉刻刀、掏刀、桑刀、砧板、毛巾、小方盘。

（二）操作步骤

1. 用大号拉刻刀拉出头顶隆突（如图 9-1-3 所示）。

2. 用主刀雕出脸部位置（如图 9-1-4 所示）。

3. 用主刀、中号拉刻刀雕出脸部、左耳的大型（如图 9-1-5 所示）。

4. 用中号拉刻刀拉刻出右耳和右手衣袖的位置及形状（如图 9-1-6 所示）。

5. 在左手边粘一块南瓜，并雕出左手衣袖的大型（如图 9-1-7、图 9-1-8 所示）。

6. 在背后定出腰带的位置（如图 9-1-9 所示）。

7. 用中号拉刻刀拉刻出长须、鼻子、脸部的大型（如图 9-1-10 所示）。

8. 用掏刀制作鼻孔，用主刀雕出鼻子（如图 9-1-11 所示）。

9. 用主刀雕出胡子的大型（如图 9-1-12 所示）。

10. 用中号拉刻刀拉刻出眼、脸的大型。

11. 雕刻好嘴巴，并用 V 形拉刻刀拉刻出胡子（如图 9-1-13 所示）。

12. 用主刀、掏刀雕刻出衣袖的皱褶，并预留粘接手掌的位置，然后拉刻出衣服下半身的皱褶（如图 9-1-14 所示）。

13. 用主刀雕出眼睛，并细化衣袖的小皱褶（如图 9-1-15 所示）。

14. 雕刻好锦带（如图 9-1-16 所示）。

15. 用胡萝卜雕刻出拐杖（如图 9-1-17 所示）。

16. 雕好桃子、手掌等，组装成型（如图 9-1-18 所示）。

图 9-1-3

图 9-1-4

图 9-1-5

图 9-1-6

图 9-1-7

图 9-1-8

图 9-1-9

图 9-1-10

图 9-1-11

图 9-1-12

图 9-1-13

图 9-1-14

图 9-1-15

图 9-1-16

图 9-1-17

图 9-1-18

（三）工艺要点

1. 雕刻寿星前，需要从总体上了解寿星的外形特征：头部头顶隆突，广额大耳，长眉宽鼻，方口厚唇，眼如弯月；头部约占整个造型的 1/3；衣服皱褶自然，衣袖往外飘；拐杖弯曲有度。

2. 雕刻寿星时，遵循先大型、后细化的原则，先确定头部、脸部、手、脚各部分的位置及大型。

3. 在雕刻五官时，注意各种刀具的综合利用，选用恰当的工具进行雕刻，同时要耐心细致。

4. 寿星的衣服皱褶基本都是用大号拉刻刀、中号拉刻刀等拉刻出来的，因此要充分掌握刀具的用途。

（四）评价标准

雕好的寿星，满脸福相，表情逼真，比例协调，姿态飘逸。

四、任务拓展

根据所学的实训内容，完成作品"寿与天齐"的制作（如图 9-1-19 所示）。

图 9-1-19

本项目小结

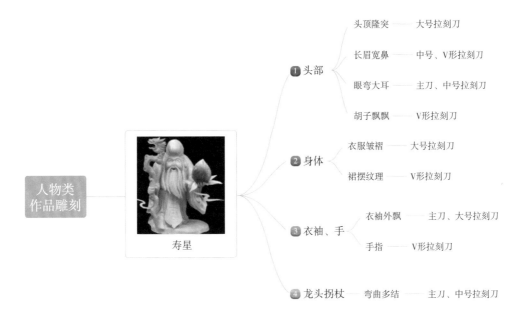

人物类
作品雕刻 ——

寿星

① 头部
- 头顶隆突 —— 大号拉刻刀
- 长眉宽鼻 —— 中号、V形拉刻刀
- 眼弯大耳 —— 主刀、中号拉刻刀
- 胡子飘飘 —— V形拉刻刀

② 身体
- 衣服皱褶 —— 大号拉刻刀
- 裙摆纹理 —— V形拉刻刀

③ 衣袖、手
- 衣袖外飘 —— 主刀、大号拉刻刀
- 手指 —— V形拉刻刀

④ 龙头拐杖 —— 弯曲多结 —— 主刀、中号拉刻刀

思考与练习

1. 如何确定寿星雕刻作品的大型？
2. 寿星的头部包括哪些部分？每部分所用的雕刻技法是什么？
3. 雕刻衣袖、手指有哪些注意点？

知识链接

1. 学习技巧

通过简笔画与雕刻作品的有机结合，构建实物与作品的联系，如学习寿星简笔画（如图 9-2-1 所示）。同时，多观赏剪纸、木雕、石雕等作品，以拓宽视野。

图 9-2-1

2. 网站链接

搜索本项目对应作品的相关百科知识和视频等，以增加学习的多元性和延展性。

3. 寿星诗词趣闻

传说有"明朝第一才子"之称的解缙在给一个老太太祝寿之时，曾经吟诗以对，并脱口而出："这个婆娘不是人。"老太太一听，脸当场就绿了，差点就下了逐客令，在场宾客也全都大惊失色。但是就在此时，解缙不慌不忙地继续说道："九天仙女下凡尘。"老太太顿时转怒为喜，众人也哈哈大笑。之后，解缙又说道："儿孙个个都是贼。"现场的气氛又跌到冰点，但是解缙依旧有条不紊地继续说道："偷得蟠桃奉至亲。"到此诗毕，宾客盛赞，主家欢呼，寿宴高潮亦随即而起。

诗句鉴赏：这首诗采用的是欲扬先抑的手法，先引起人们一种不好的想法，随后转折，对比之后，突出了重点，带给人们如坐过山车般的心情体验，而这也正是这种诗歌体裁的妙处。

项目十

瓜雕类作品雕刻

学习目标

瓜雕作品在盘式、展台等应用场景下比较常用，而且比较令人喜欢，较易为人们所接受。通过本项目的学习，了解瓜雕的基本知识等，掌握瓜雕作品的雕刻流程及工艺要点，懂得运用不同的刀具及技法，实现不同的形态效果，并为展台的制作打下基础。在实训过程中强化雕刻技法的同时，掌握瓜皮及西瓜花的雕刻技法及形态。

教学目的

本项目讲述了瓜雕的基本知识、工艺流程、工艺要点、雕刻技法、评价标准等内容，要求学生重点掌握常见瓜雕作品的制作工艺，并能独立完成作品的制作。

主要内容

"喜鹊报喜""年年有鱼""龙腾四海""父亲节快乐""花开富贵""心花怒放"雕刻作品的制作。

任务一　瓜雕的基本知识

一、瓜雕的概念

瓜雕类雕刻是运用雕刻专门的各种工具，结合雕刻刀法、手法将瓜类原料（如南瓜、西瓜、冬瓜等）雕刻成瓜灯、瓜盅、瓜篮、瓜船、瓜盒、龙舟等容器类食品的一种雕刻方式。其属于果蔬雕刻中的一种。

瓜雕类作品形式多样，高雅大气，用途广泛。它不仅能提高宴席的档次，而且是调节气氛的上等雕刻作品。然而，学习制作瓜雕作品并不是一蹴而就的，学习者只有耐心和坚持练习，才能将其学好、学精。

二、瓜雕的特点

瓜雕具有以下特点：

（1）技法相对简单。相对于立体雕刻而言，瓜雕主要是在各种瓜类的表面进行雕刻，且多以浅浮雕为主，故技法相对简单。

（2）色彩艳丽，效果显著。瓜雕表现形式特别，色彩艳丽，呈现丰富，立体感强，容易引人注目，宴席效果显著。

（3）艺术性高，装饰效果好。瓜雕所用材料质地细腻，软硬适度，粗狂、细节总相宜，因此艺术性高，装饰效果好。

（4）方便实用，四季皆宜。瓜雕所使用的原料，如南瓜等，原料充足，价钱便宜，四季皆有供应。成品既能观赏，又能作为容器，可以食用，而且可以增加菜品的味道、香味，一举多得。

（5）易保存，不易变色、变形。

三、瓜雕的原料

瓜雕的原料主要有南瓜、西瓜和冬瓜，此外还有哈密瓜、白兰瓜等。

南瓜、西瓜和冬瓜的瓜雕作品及其用途列举如下：

原料名称	瓜雕作品	常见用途
南瓜	瓜盅、瓜灯、龙舟、凤船、花篮等容器类作品	盛装菜品、展台作品（如瓜灯）
冬瓜	瓜盅、瓜灯、镂雕、象棋子、金钱盒等作品	盛装菜品、展台作品、围边装饰灯
西瓜	瓜盅、瓜灯等作品	盛装菜品、展台作品等
其他瓜类	花瓶、小船、瓜罐、竹筒、粮囤等作品	盛装菜品等

四、瓜雕的主要技法

（一）平面雕

平面雕是最简单实用的一种雕刻方法。它主要用主刀、大中小号拉刻刀、戳刀等工具，在瓜表面上雕刻出一些具有特定主题的浅线条图案（如图 10-1-1 "年年有鱼"所示），故又称为浅浮雕。平面雕多在西瓜、冬瓜的表面雕刻出来，其又分为阳文雕和阴文雕。阳文雕的图案花纹是凸起来的（如图 10-1-2 "龙腾四海"所示），而阴文雕的图案花纹是凹下去的。

图 10-1-1　　　　　　　　　　　图 10-1-2

（二）高浮雕

高浮雕是所雕刻的图案花纹高凸出底面的刻法，由于起位较高、较厚，因此图案的立体感较强，所以也称深浮雕。其主要使用主刀进行雕刻。

（三）镂空雕

镂空雕是在瓜雕过程中，因主题、作品造型需要，将瓜瓤、部分瓜肉等去除，外面看起来是完整的图案，但里面是空的或者里面又镶嵌小的镂空物件的一种雕刻技法。此法主要用于西瓜或南瓜瓜灯的制作，以供人欣赏。

（四）套环雕

套环雕是用一种特殊的刻线刀，挑出各种套环。它既不属于平面雕，又不属于高浮雕。套环雕主要用于西瓜灯的制作。

（五）整雕

采用整雕方法，将西瓜的绿皮削去，利用西瓜的红瓤雕刻出一些立体的艺术形象，如牡丹花、月季花、大丽花、龙、凤等（如图 10-1-3、图 10-1-4 所示）。

图 10-1-3 图 10-1-4

（六）组合雕

组合雕是将以上几种雕刻方法组合在一起使用的技法。多数瓜灯的制作中都应用了组合雕法。

五、瓜雕的常用工具

在瓜雕雕刻中，除了要用到常用果蔬雕刻工具之外，还需要一些特殊的工具，主要如下。

（一）瓜灯挑环刀

瓜灯挑环刀是一种外形比较特殊的雕刻工具，刀身为 U 形槽，两端有两个金属小钩，主要用于戳线条和制作瓜灯的套环。

（二）刻线刀

刻线刀为 V 形或 U 形的雕刻刀。其刀口部分和手柄有一个斜折度，主要用途是戳花纹，如回字纹、波浪纹等。

（三）分规

分规是用来截取线段、量取尺寸、等分线段或圆弧线的绘图工具。分规两腿均装有锥形钢针，为了量取尺寸准确，分规的两针尖应平齐。分规在瓜雕中用途很广，瓜盅、瓜灯等都经常用之来定位、画圆、画平行线以及确定雕刻物体的比例。

（四）画线笔

画线笔主要有 2B 铅笔、水溶性画笔、墨水笔等，用于瓜雕雕刻之前在原料上描绘图案。

六、瓜雕的制作步骤

（一）构思

这一环节包括设计主题、选择原料两项内容，需要根据宴会的性质或菜肴内容来设计适宜的作品。

（二）画图

根据构思，将设计好的作品在原料上描绘出来，为雕刻做准备。如果是瓜盅，则需要将其均匀分成几个面，一般是 3～4 个面，并在每个面上画出图案及边框。

（三）雕刻

根据所画的图案进行雕刻，让作品更有立体感和艺术效果。

（四）揭盖、挖瓜瓤

在原料表面雕刻完图案后，在其顶部或底部揭开圆盖，根据实际除去瓜瓤。

（五）配底座、装饰

瓜雕作品完成后，一般要配一个底座。底座的原料常与主体一致。底座的花纹可根据主体而定，如鱼类，可搭配浪花；龙、凤等，可搭配祥云。

七、瓜雕的注意事项

瓜雕的注意事项如下：
（1）重构思，多创意，切忌一成不变。
（2）根据主题，选优质材料。原料要求质地软硬适度、大小适中、色泽均匀、外观形态饱满光滑等。同时，要注意各种原料色泽的搭配。
（3）加强艺术修养，提升绘画能力。

（4）在学习过程中，注重耐心、细心、恒心的培养。

（5）雕刻时，先画后雕，谋定而后动，注意下刀的准确。

（6）多学习观摩国画、剪纸、石雕、木雕、玉雕等作品，以增长见识，拓宽视野。

任务二　喜鹊报喜

一、任务引入

喜鹊是鸟纲鸦科的一种鸟类。体长 40～50cm；雌雄羽色相似，头、颈、背至尾均为黑色，并自前往后分别呈现紫色、绿蓝色、绿色等光泽；双翅黑色而在翼肩有一大型白斑；尾远较翅长，呈楔形；嘴、腿、脚纯黑色；腹面以胸为界，前黑后白。喜鹊在中国是吉祥的象征，自古有画鹊兆喜的风俗。"喜鹊报喜"作品为瓜雕中平面雕的一种。

二、任务分析

（一）结构部位分析

喜鹊的结构部位如图 10-2-1 所示。

头 部　　　　　　　　颈 部
胸 部　　　　　　　　翅 膀
腿 部　　　　　　　　尾 巴

图 10-2-1

（二）工艺分析

工艺分析具体如图 10-2-2 所示。

嘴巴细长，用　　　　　　羽毛细弯，翅膀合拢，
主刀完成　　　　　　　　用小号拉刻刀完成

　　　　　　　　　　　尾巴圆滑，用主刀和
树枝由粗变细，　　　　　小号拉刻刀完成
用主刀完成

图 10-2-2

三、任务实施

（一）实训准备

1. 主要原材料：冬瓜 1 段。
2. 用具：雕刻主刀、小号拉刻刀、桑刀、方盘、毛巾等。

（二）操作步骤

1. 准备一段大小均匀的冬瓜（如图 10-2-3 所示）。

2. 用 2B 铅笔或拉刻刀在冬瓜表面画或者拉刻出喜鹊的大型，确定喜鹊的姿态和整体大型（如图 10-2-4 所示）。

3. 用主刀修出喜鹊的整体，然后雕出头部、身躯、尾巴、爪子等，完成喜鹊的整体雕刻（如图 10-2-5 所示）。

4. 雕出树枝，再用平刀去除整体的废料，突出主体部分。注意周围的皮料不要去太干净，以衬托出作品（如图 10-2-6 所示）。

5. 用主刀细化喜鹊眼睛，用拉刻刀细化羽毛部分（如图 10-2-7 所示）。

6. 完成作品（如图 10-2-8 所示）。

图 10-2-3

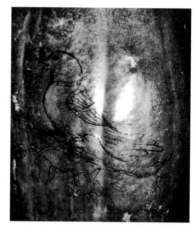

图 10-2-4

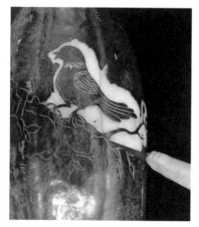

图 10-2-5

图 10-2-6

图 10-2-7

图 10-2-8

（三）工艺要点

1. 对喜鹊的形态特征以及翅膀、尾巴的结构要熟悉。
2. 雕刻前，应先在纸上画一下喜鹊，可以将其头和身体看成是两个椭圆形。
3. 在原料上确定喜鹊大型时可以借鉴中国画鸟的方法。
4. 对于前面所学的鸟的各部位的雕刻要认真练习，熟练掌握。

（四）评价标准

喜鹊嘴尖，头圆，颈部较短，尾部为长形尾。喜鹊各部分比例恰当，雕刻刀法熟练、准确，作品刀痕少。

四、任务拓展

根据所学的实训内容，运用想象，自行完成两个喜鹊组成的瓜雕作品"共鸣"的制作。

任务三 年年有鱼

一、任务引入

"年年有鱼"是"年年有余"的谐音，它是我国传统吉祥祈福的代表性词语，寓意生活富足，丰衣足食。有一个相关的神话故事：玉皇大帝令龙王急调雨水速降甘露于共光，龙王收到玉皇大帝命令后，即刻从海上调水速降甘露于共光。粗心又紧张的龙王不小心把海里的鲸鱼与雨水一起降落于共光。龙王怕玉皇大帝责怪，便声称他派鱼到共光，希望百姓能年年有鱼，请求玉皇大帝将这条鱼任命为鱼神，保佑人间太平年年有余。"年年有鱼"作品为瓜雕中平面雕的一种，可用于喜庆场合，特别是在逢年过节的宴席中，可用于冬瓜盅、水果盘等。

二、任务分析

（一）结构部位分析

"年年有鱼"雕刻作品的结构部位如图 10-3-1 所示。

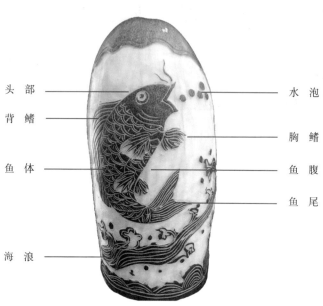

头　部 —— 　　　　　　—— 水　泡
背　鳍 ——　　　　　　　—— 胸　鳍
鱼　体 ——　　　　　　　—— 鱼　腹
　　　　　　　　　　　　—— 鱼　尾
海　浪 ——

图 10-3-1

（二）工艺分析

工艺分析具体如图 10-3-2 所示。

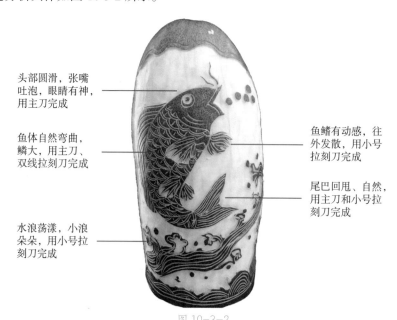

头部圆滑，张嘴
吐泡，眼睛有神，
用主刀完成

鱼体自然弯曲，
鳞大，用主刀、
双线拉刻刀完成

水浪荡漾，小浪
朵朵，用小号拉
刻刀完成

鱼鳍有动感，往
外发散，用小号
拉刻刀完成

尾巴回甩、自然，
用主刀和小号拉
刻刀完成

图 10-3-2

三、任务实施

（一）实训准备

1.主要原材料：冬瓜 1 段。

2.用具：主刀、小号拉刻刀、双线拉刻刀、桑刀、方盘、毛巾。

（二）操作步骤

1.准备一段大小均匀的冬瓜（如图 10-3-3 所示）。

2.用水性笔在上面勾画出鲤鱼的大致轮廓，用拉刻刀在冬瓜表面拉刻出鲤鱼的大型（如图 10-3-4 所示）。

3.修出鲤鱼整体，确定鲤鱼头、身、尾 3 个部分的位置和形状，雕刻出眼睛、鱼鳍等部分，然后用主刀去除周围的一点废料（如图 10-3-5 所示）。

4.细化刻出鱼鳞，然后把水浪用拉刻刀雕刻出来，再把废料去除，突出整体（如图 10-3-6 所示）。

5.完成作品（如图 10-3-7 所示）。

图 10-3-3

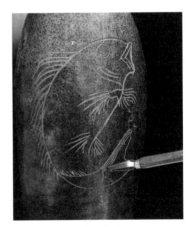

图 10-3-4

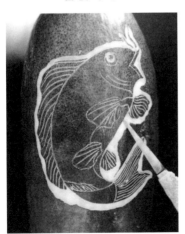

图 10-3-5

图 10-3-6

图 10-3-7

（三）工艺要点

1. 雕刻前要熟悉鲤鱼的形态特征和各部位的特点，最好先画一下。
2. 雕刻鲤鱼鳞片时应注意进刀的角度和去废料的角度。
3. 雕刻鲤鱼鱼鳞片时，一般是从鱼头往鱼尾雕刻，从鱼背往鱼肚方向雕刻。
4. 雕刻时，鲤鱼的鳍、触须和尾巴在造型上可以适当夸张。

（四）评价标准

鲤鱼各部分比例准确；雕刻刀法娴熟，刀痕少，废料去除干净；鲤鱼的鳞片大小均匀过渡，位置前后错开；鲤鱼眼睛位置准确，呈圆形突出；作品整体形象生动逼真、自然。

四、任务拓展

根据所学的实训内容，完成金鱼等水族类瓜雕作品的制作。

任务四　龙腾四海

一、任务引入

"龙腾四海"源自宋代著名诗人王安石在《和王微之登高斋三首》中的诗句"龙腾九天跨四海"。关于龙的记载有很多，如《礼记·礼运》中"麟、凤、龟、龙，谓之四灵"；《河图》中"黄金千岁生黄龙，青金千岁生青龙，赤金千岁生赤龙，白金千岁生白龙，玄金千岁生玄龙"……龙虽无实体，但从古至今一直都有关于它的记载和传说。龙及其精神，在不知不觉间成为中华文化的一部分。

龙具有权势、祥瑞、成功等象征意义。在瓜雕中，以龙为主题的作品层出不穷，备受客人青睐。瓜雕作品"龙腾四海"的雕刻技法并不是很复杂，比较适合中职生学习。

二、任务分析

（一）结构部位分析

"龙腾四海"雕刻作品的结构部位如图 10-4-1 所示。

龙 须 —— 云 朵
龙 鼻 —— 龙 角
龙 嘴 —— 龙 发
龙 爪 —— 龙 身
龙 腿 —— 背 鳍
龙 腹
龙 尾

图 10-4-1

（二）工艺分析

工艺分析具体如图 10-4-2 所示。

头部特征明显，用主刀、小号拉刻刀完成

龙角似鹿，龙发飞扬，用主刀、小号拉刻刀完成

腿部有力，龙爪锋利，用主刀、小号拉刻刀完成

背鳍尖细，用主刀和小号拉刻刀完成

龙尾飘逸，用主刀、小号拉刻刀完成

云层连绵，用主刀和小号拉刻刀完成

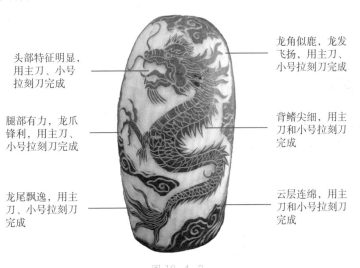

图 10-4-2

三、任务实施

（一）实训准备

1. 主要原材料：冬瓜 1 段。
2. 用具：雕刻主刀、小号拉刻刀、桑刀、方盘、毛巾。

（二）操作步骤

1. 准备一段大小均匀的冬瓜（如图 10-4-3 所示）。

2. 龙头（如图 10-4-4 所示）：

（1）用水性笔或拉刻刀在冬瓜表面画或者拉刻出龙头的大型。

（2）确定双眼、额头、鼻梁和鼻翼的位置并雕刻出大型。

（3）雕刻出龙的眼睛和龙须。

（4）雕刻出龙的牙齿，把獠牙、前长牙和尖牙一起雕刻出来。

（5）确定龙的脸颊的位置和大型，并雕刻出脸颊和腮刺。

（6）雕刻出龙的角、耳朵和毛发，然后用主刀去除周围的废料。

3. 龙身和爪子：确定龙身体的姿态和大型，先用小号拉刻刀拉刻出龙身和龙爪，然后用主刀修出龙爪整体，注意平刀去料（如图 10-4-5 所示）。

4. 尾巴：用小号拉刻刀拉刻出龙尾大型，然后用主刀去废料，再用拉刻刀细化龙尾（如图 10-4-6 所示）。

5. 背鳍：用小号拉刻刀拉刻出背鳍，然后用主刀去废料（如图 10-4-7 所示）。

6. 龙鳞：用拉刻刀拉刻出鳞片，注意拉刻鳞片的方法是两片夹一片（如图 10-4-8 所示）。

7. 完成作品（如图 10-4-9 所示）。

图 10-4-3

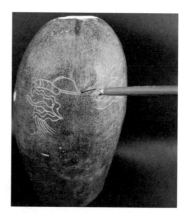

图 10-4-4

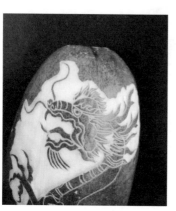

图 10-4-5

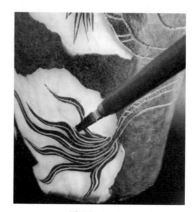

图 10-4-6

图 10-4-7

图 10-4-8

图 10-4-9

（三）工艺要点

1. 龙的整体可以分为龙头、龙身、龙尾、龙爪。把握好每一个部位的细节，雕刻出来的龙就逼真了。

2. 龙的头部是雕刻的重点和难点，要熟悉龙头的结构特征。

3. 龙身体姿态要灵活，注意头、身、尾 3 段的粗细变化。

（四）评价标准

作品整体完整，各部分结构准确，比例恰当，形态生动，气势如虹；刀法熟练、细腻，作品刀痕少；龙的整体线条流畅，腿爪苍劲有力，肌肉块大小饱满，牙齿锋利，鼻头圆润，具有阳刚之美。

四、任务拓展

根据所学的实训内容，完成龙的其他形态的瓜雕作品的制作。

任务五　父亲节快乐

一、任务引入

"父亲节快乐"作品应用了瓜雕中浮雕刻字的手法。浮雕刻字是一种比较常用的手法，可让人对作品或展台的主题、亮点一目了然。浮雕刻字经常和各种食品雕刻作品组合在一起呈现不同的主题，既表达了食品雕刻师的审美感受，又增加了宴席展台的现场效果，让顾客赏心悦目。

二、任务分析

（一）结构部位分析

"父亲节快乐"雕刻作品的结构部位如图 10-5-1 所示。

图 10-5-1

（二）工艺分析

工艺分析具体如图 10-5-2 所示。

图 10-5-2

三、任务实施

（一）实训准备

1. 主要原材料：西瓜 1 个。

2.用具：尖口直刀、主刀、中号拉刻刀、小号拉刻刀、方盘、毛巾。

（二）操作步骤

1.准备一个纹路清晰的西瓜（如图10-5-3所示）。

2.用水性笔或拉刻刀在西瓜表面开出一个"父"字，然后用主刀去除不要的表皮（如图10-5-4所示）。

3.以此类推，把"父亲节快乐"刻出来，然后去除周围的废料（如图10-5-5所示）。

4.围绕"父亲节快乐"这几个字画出波浪形的围边，把里面除了文字以外的表皮废料去除（如图10-5-6所示）。

5.以两个波浪形的顶端的距离为一个花瓣大小，开出第一层花瓣并去除废料，以此类推，围绕一圈。注意花瓣可以前后排列多片，这里雕刻了两片（如图10-5-7、图10-5-8所示）。

6.在第一层两片花瓣之间雕刻出第二层的半圆形花瓣，然后去除废料，前后排列3片。以此类推，刻出第三、第四层花瓣（如图10-5-9、图10-5-10所示）。

7.进一步细化完成（如图10-5-11所示）。

图10-5-3

图10-5-4

图10-5-5

图10-5-6

图 10-5-7

图 10-5-8

图 10-5-9

图 10-5-10

图 10-5-11

（三）工艺要点

1. 选料要好。要求原料新鲜，大小合适，表皮光滑、平整、完整，颜色均匀、鲜浓。

2. 画图前，要将原料洗干净并把水擦干。雕刻时，应在原料下垫湿毛巾，以防转动原料时打滑。

3. 雕刻时，注意力要集中，下刀要稳健，刀路要流畅。先雕刻重点部分，然后雕刻其他部分。

4. 空白部位可根据需要用较细的砂纸打磨。

（四）评价标准

文字设计美观，简洁明快，寓意美好；多种雕刻技法并用，刀法娴熟，设计巧妙。

四、任务拓展

根据所学的实训内容，完成其他节日瓜雕作品的制作。

任务六　花开富贵

一、任务引入

"花开富贵"图案是中国传统吉祥图案之一，代表了人们对美满幸福生活以及富有和高贵的向往。"花开富贵"雕刻作品用一种花的绽放，用烹饪的艺术美，来传递美满幸福生活和富贵的寓意。

二、任务分析

（一）结构部位分析

"花开富贵"雕刻作品的结构部位如图 10-6-1 所示。

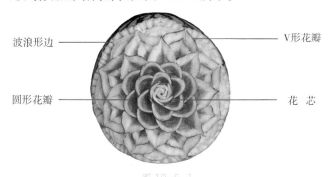

波浪形边 —— V形花瓣
圆形花瓣 —— 花　芯

图 10-6-1

（二）工艺分析

工艺分析具体如图 10-6-2 所示。

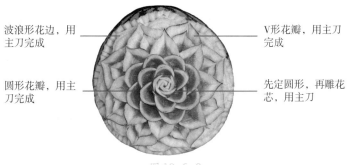

波浪形花边，用主刀完成 —— V形花瓣，用主刀完成
圆形花瓣，用主刀完成 —— 先定圆形，再雕花芯，用主刀

图 10-6-2

三、任务实施

（一）实训准备

1.主要原材料：西瓜1个。

2.用具：主刀、圆形模具、方盘、毛巾。

（二）操作步骤

1.准备一个纹路清晰的西瓜（如图10-6-3所示）。

2.用圆形模具在西瓜表面开出一个圆，然后用主刀去除周围的一点废料（如图10-6-4所示）。

3.修出花芯，注意花芯的雕刻方法，斜刀去废料（如图10-6-5所示）。

4.围绕花芯斜刀去废料，修出第一层花瓣，去除一点废料（如图10-6-6所示）。

5.以两个花瓣的顶端的距离为第二层花瓣大小，开出第二层花瓣并去除废料（如图10-6-7所示）。

6.第三层花瓣为V形花瓣，在两片圆形花瓣之间雕刻出来，注意斜刀去废料（如图10-6-8所示）。

7.以此类推，第四层先雕刻一片小花瓣，然后去废料，再刻出大花瓣，围绕一圈（如图10-6-9所示）。

8.第五层先斜刀修两片圆形花瓣，然后修一片V形花瓣，最后去除废料改刀波浪形，雕刻一圈（如图10-6-10所示）。

9.完成作品（如图10-6-11所示）。

图 10-6-3

图 10-6-4

图 10-6-5

图 10-6-6

图 10-6-7

图 10-6-8

图 10-6-9

图 10-6-10

图 10-6-11

（三）工艺要点

1.雕刻西瓜花时，应认真了解西瓜品种的特征，最好能先画后雕，做好形态定位。

2.雕刻时，应先雕刻花芯，再雕刻花瓣，注意花瓣的各种形态。

3.灵活运用各种刀具，以呈现更好的效果。

（四）评价标准

整个花体呈绽放状；花瓣圆润，层次分明；每层花瓣大小均匀，交错生长；花瓣完整，无断裂、无毛边。

四、任务拓展

根据所学的实训内容，完成两朵花的瓜雕作品的制作。

任务七　心花怒放

一、任务引入

　　"心花怒放"的意思是心里高兴得像花儿盛开一样，形容内心高兴极了。本任务的实训作品，表现出心里开满了花，形象地表达了心情的美好，用瓜雕的方式诠释了何为"心花怒放"。

二、任务分析

（一）结构部位分析

　　"心花怒放"雕刻作品的结构部位如图 10-7-1 所示。

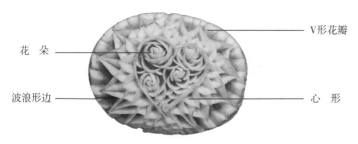

花　朵 ————

波浪形边 ————

———— V形花瓣

———— 心　形

图 10-7-1

（二）工艺分析

　　工艺分析具体如图 10-7-2 所示。

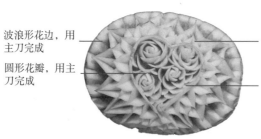

波浪形花边，用主刀完成

圆形花瓣，用主刀完成

V形花瓣3层，每层均匀，大小一致，用主刀完成

先定圆形，由外至内雕花芯，用主刀完成

图 10-7-2

三、任务实施

（一）实训准备

1. 主要原材料：西瓜 1 个。
2. 用具：主刀、圆形模具、小号拉刻刀、方盘、毛巾。

（二）操作步骤

1. 准备一个纹路清晰的西瓜（如图 10-7-3 所示）。
2. 用水性笔或拉刻刀在西瓜表面开出一个心形，然后用主刀去除不要的表皮（如图 10-7-4 所示）。
3. 在心形里面，运用圆形模具压出一个圆形，接着从圆形边缘向圆心雕刻 4~5 层花瓣。具体如下：首先，沿着圆形边缘，运用直切法逆时针雕刻出第一片花瓣。然后，斜刀去除废料，让花瓣凸显。再从第一片花瓣中心处起刀，运用同样的方法，逆时针运刀雕刻出该层其他花瓣，注意每片花瓣要交错。运用同样的方法，雕出其他层花瓣，最后雕刻花芯，完成一朵花的雕刻（如图 10-7-5 所示）。
4. 用同样的方法，在心形里雕刻出其他花朵，直至花朵布满整个心形（如图 10-7-6 所示）。
5. 把围绕心形外面的皮去除一层，在上面画出一层 V 形的花瓣，然后用主刀斜刀修出花瓣（如图 10-7-7 所示）。
6. 在第一层两片花瓣的中间再画出第二层花瓣，然后用主刀修出花瓣，以此类推，把第三层花瓣一起雕刻出来（如图 10-7-8 所示）。
7. 围绕花瓣去除废料，然后用主刀修出波浪形的围边就完成了（如图 10-7-9 所示）。

图 10-7-3

图 10-7-4

图 10-7-5

图 10-7-6

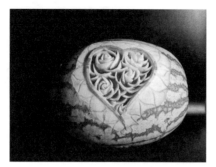
图 10-7-7

图 10-7-8

图 10-7-9

（三）工艺要点

1. 雕刻西瓜花时，应认真了解西瓜品种的特征，最好能先画后雕，做好形态定位。

2. 雕刻本作品时，注意定好心形与花朵的大小以及位置。雕刻花朵时，同一层花瓣要大小均匀，相互交错。

3. 雕刻 V 形花瓣时，注意同一层花瓣的大小均匀，外薄里厚，整齐美观。

（四）评价标准

图案设计美观，简洁明快，寓意美好；多种雕刻技法并用，刀法娴熟，设计巧妙；细节设计丰富细腻。

四、任务拓展

根据所学的实训内容，尝试完成其他花卉瓜雕作品的制作。

本项目小结

瓜雕的基本知识

1. 概念
2. 特点
3. 原料
4. 主要技法
5. 常用工具
6. 制作步骤
7. 注意事项

喜鹊报喜

1. 头圆嘴细长 —— 主刀
2. 羽毛细弯 —— 小号拉刻刀
3. 翅膀合拢 —— 小号拉刻刀
4. 胸部圆润 —— 小号拉刻刀
5. 尾巴圆滑 —— 主刀、小号拉刻刀

年年有鱼

1. 头大嘴有须 —— 主刀
2. 鱼体略弯，鳞片有序 —— 主刀、双线拉刻刀
3. 背鳍胸鳍飘逸 —— 小号拉刻刀
4. 尾巴回甩 —— 主刀、小号拉刻刀
5. 水浪轻荡 —— 小号拉刻刀

瓜雕类作品雕刻

龙腾四海

1. 龙头 —— 主刀、小号拉刻刀
2. 龙身 —— 主刀、小号拉刻刀
3. 背鳍 —— 主刀、小号拉刻刀
4. 龙尾 —— 主刀、小号拉刻刀
5. 龙腿 —— 主刀、小号拉刻刀

父亲节快乐

1. 确定文字内容 —— 水性笔
2. 雕刻文字 —— 主刀
3. 雕刻花边 —— 主刀

花开富贵

1. 定出花芯 —— 主刀
2. 雕刻花瓣 —— 主刀
3. 雕刻花边 —— 主刀

心花怒放

1. 确定心形 —— 水性笔
2. 雕花 —— 主刀
3. 雕刻花边 —— 主刀

📑 思考与练习

1. 瓜雕类雕刻的定义是什么？其操作步骤是怎样的？
2. 西瓜刻花主要采用什么刀法？
3. 西瓜上可以刻什么样的花纹？
4. 平面雕和立体雕有何相同点和不同点？
5. 在雕刻的过程中，有什么办法可以减少多余的刀痕？

知识链接

1. 网站链接

搜索本项目对应作品的相关百科知识和视频等，以增加学习的多元性和延展性。

2. 瓜雕作品的参考

瓜雕可以以剪纸、油画、壁画、工艺品等为构图借鉴；在花纹的选择上，可以以窗帘等布纹为参考。

3. 瓜雕作品的制作技巧

对初学者而言，学习瓜雕类作品，第一，要勤练雕刻基本功，掌握基本技艺；第二，要坚持学习简笔画，这样既能了解事物的部位结构，又能增强构图能力，将"画"和"雕"有机结合；第三，要勤于思考，结合身边的事物和思政热点思考，并将思考结果通过简笔画构图，再在作品上呈现出来。只有不断思考、不断练习，才能制作出令人耳目一新的作品。

主要参考文献

［1］江泉毅. 食品雕刻 [M].2 版 . 重庆：重庆大学出版社，2017.

［2］邓超 . 邓超食品雕刻艺术：快速食雕拉刻刀技法 [M]. 天津：天津科学技术出版社，2018.

［3］周文涌，张大中 . 食品雕刻技艺实训精解 [M]. 北京：高等教育出版社，2012.

［4］周建龙，郝志阔 . 食品雕刻与冷拼艺术 [M]. 北京：中国质检出版社，2019.

［5］罗家良 . 几何法、比例法、动势曲线在食品雕刻中的应用 [J]. 四川烹饪，2004（10）: 35-36.

［6］罗家良 . 瓜雕技法 [M]. 沈阳：辽宁科技出版社，2006.

［7］凌红妹 . 食品雕刻与盘饰 [M]. 广州：济南大学出版社，2016.

［8］齐雪峰 . 瓜雕水果雕切技法 [M]. 沈阳：辽宁科技出版社，2005.

［9］商连生 . 职业精神与职业素养 [M]. 武汉：华中科技大学出版社，2020.

任务导学与评价

学习任务			日期	
班别		姓名	组别	

任务目标	1. 根据云平台的教学资源进行自主学习。 2. 能准确把握作品的布局，运用正确的拼摆方法进行操作，完成实训项目。 3. 能全程沟通合作，保证岗位操作流畅、卫生，并进行规范操作。 4. 能分析与评价所完成的作品，并提出一定的改进方案。 5. 能在原来作品的基础上，进行创新拓展。
	课前线上学习
工艺掌握	前置任务：结合以前所学，根据课前自主学习情况，填写以下内容。 1. 工艺流程： 2. 工艺要点： 3. 需解决的问题： 4. 成品标准：

	课中实训及评价			
项目	质量要求	标准分	自评得分	____ 组评分
原料利用率	用料符合要求，操作熟练，加工规范，原料利用率高。如有原料处理不当，浪费等情况，扣1～8分。	15		
卫生安全	操作区域边操作，边整理，整洁干净，注重卫生，废弃物处理得当，原料及作品保存合理。如岗位碎料多、散乱，菜品碟子有污迹，地板不洁、有水渍，毛巾乱摆放等情况，扣1～8分。	15		
刀工技法	作品刀纹清晰、刀距适度，技法准确，废料去除恰当。如有连刀、碎裂、纹理不清等现象，扣1～15分。	30		
形态与布局	组装得当，组成部分完整无缺。如有散乱、位置不当、形态欠佳等现象，扣1～10分。	20		
操作流程	技法得当，动作娴熟，流程合理，投料准确，操作安全与规范。如有技法错误，流程错乱，操作不规范，扣1～8分。	15		
速度	按规定时间完成，不超时。每超时2分钟扣1分，直至扣完。	5		
否定项	材料浪费超过1/2，作品完成度低于1/2，超时10分钟以上，整个作品算0～50分。	—		
最终得分		100		
评价组建议				

课后总结反思（目标达成情况与操作过程的总结反思，300字以上）	
教师评价	